L Hoffmann

Die Marmorlager von Auerbach an der Bergstrasse in geologischer, mineralogischer und technischer Beziehung

L Hoffmann

Die Marmorlager von Auerbach an der Bergstrasse in geologischer, mineralogischer und technischer Beziehung

ISBN/EAN: 9783741167164

Hergestellt in Europa, USA, Kanada, Australien, Japan

Cover: Foto ©Klaus-Uwe Gerhardt /pixelio.de

Manufactured and distributed by brebook publishing software (www.brebook.com)

L Hoffmann

Die Marmorlager von Auerbach an der Bergstrasse in geologischer, mineralogischer und technischer Beziehung

DIE

MARMORLAGER

VON

AUERBACH

AN DER BERGSTRASSE

IN

GEOLOGISCHER, MINERALOGISCHER UND TECHNISCHER BEZIEHUNG.

VON

L. HOFFMANN,

BERGRFFERENDAR.

MIT EINER LITHOGRAPHIRTEN TAFEL.

DARMSTADT,
IN COMMISSION BEI A. BERGSTRASSER.
1894.

Die Marmorlager von Auerbach an der Bergstrasse

in geologischer, mineralogischer und technischer Beziehung.[1]

Von L. Hoffmann, Bergreferendar.

(Mit 1 lithographirten Tafel.)

Der Marmor von Auerbach an der Bergstrasse findet sich wegen seines Reichtums an Mineralien, sowie wegen seiner eigentümlichen Lagerungsverhältnisse vielfach erwähnt und beschrieben.

Grössere und eingehendere Arbeiten über diesen Gegenstand sind die Dissertationen von C. W. C. Fuchs (Der körnige Kalk von Auerbach an der Bergstrasse, Heidelberg 1860) und von F. von Tehihatchef (Der körnige Kalk von Auerbach—Hochstädten, Darmstadt 1888 diese Abh. Bd. I, H. 4). Ausserdem ist noch eine grössere Anzahl kleinerer Abhandlungen vorhanden, welche nur einzelne Mineral- oder Gesteinsvorkommen beschreiben. Tehihatchef giebt eine genaue Zusammenstellung der gesamten Literatur.

Geologische Skizze der Umgebung des Marmors.

Geht man etwa vom Gipfel des Melibokus nach SO über Hochstädten, die Daugertshöhe und Ludwigshöhe nach Elmshausen, so findet man eine Reihe von Gesteinen, welche ein im allgemeinen südwest-nordöstliches Streichen, sowie ein Einfallen von 43° bis 90° nach Südost besitzen:

---

[1] Vorliegende Arbeit wurde von dem Verfasser zur Meldung zum preussischen Bergreferendar-Examen eingereicht. Dieselbe dürfte eine Ergänzung der Arbeit von Tehihatchef bilden, da sie zu einem grossen Teile sich mit der Beschreibung der in Auerbach vorkommenden Mineralien beschäftigt, welche bei Tehihatchef keine Berücksichtigung gefunden hat. Ausserdem war der Verfasser als Sohn des Besitzers der Marmorlager in der Rossbach in der Lage, eine grössere Anzahl neuer Beobachtungen zu sammeln. Auch die als Anhang beigefügte kurze Beschreibung des technischen Betriebes des Marmorsägewerks Auerbach dürfte von einigem Interesse sein. Vielfach unterstützt wurde der Verfasser von seinem Vater, Herrn Dr. W. Hoffmann in Auerbach, sowie den Herren Dr. Chelius in Darmstadt, Dr. Scheibe und Dr. Koch in Berlin.

1*

1) Granit des Melibokus.

2) Schiefer und gneissähnliche Gesteine.

3) Granit von Hochstädten mit zahlreichen Schiefer- und Hornfelseinlagerungen.

4) Marmor, umgeben von Schiefern, Hornfelsen und gneissähnlichen Gesteinen.

5) Hornblendegranit.

6) Porphyrischer Hornblendegranit mit Dioriteinschlüssen.

7) Diorit.

1) Der Granit des Melibokus ist ein aus Quarz, Orthoklas und Biotit bestehendes Gestein von heller Farbe und mittlerem Korn. Er nimmt den ganzen Gipfel des Melibokus und dessen Westseite ein, reicht von der Nordseite des Auerbacher Schloss-Berges bis gegen Seeheim hin und ist von den von Chelius[1] beschriebenen Ganggesteinen, als Minetten, Apliten, Granitporphyren, Vogesiten und Malchiten zahlreich durchzogen.

2) Die zweite Gruppe von Gesteinen, an der Ostseite des Melibokus und des Auerbacher Schloss-Berges, stellt einen Komplex von mannigfaltigster Zusammensetzung dar. Es sind Schiefer und gneissähnliche Schiefergneise, glimmerreiche Gneisse und Hornfelse, welche mit hornblenderreichen Gesteinslagen abwechseln. Der ganze Komplex ist von granitischem Materiale der nächsten Zone durchtrümmert, ausserdem von Apliten quer und von pegmatitischen Linsen[2] und Schnüren meist längs durchzogen.

3) Der nun folgende Granit von Hochstädten reicht bis zum Kamme des Felsberges hinauf. Das grobkörnige rötliche Gestein zeigt deutliche Parallelstruktur, besteht aus Quarz, Orthoklas und Biotit und enthält hie und da etwas Hornblende und Plagioklas. Es ist meist stark vergrust und wird auf diesem Grunde in der Umgegend vielfach als Gartenkies verwandt. An dem Pfade, welcher von Hochstädten nach dem Felsberg hinaufführt, sowie bis Balkhausen hin, sind dem Granit zahlreiche schmale Schollen von 1 bis 3 m Mächtigkeit eingelagert, die bald von gelbbraunen thonschieferähnlichen Massen, bald von Hornfelsen mit Kalksilikaten, bald von feinkörnigen Hornblendegesteinen gebildet werden.

---

[1] C. Chelius, Analysen aus dem chemischen Laboratorium der geologischen Landesanstalt in Darmstadt, als Granitmassiv des Melibokus und seine Ganggesteine. Notizblatt des Vereins für Erdkunde zu Darmstadt und des mittelrheinischen geologischen Vereins. 1891 IV. 12 und 1892 IV. 13.

[2] Hierzu gehört der von Ludwig erwähnte weisse sog. Albitgranit von Wiener-mühle im Hochstädter Thal.

4) Der Marmor liegt in einer mehr oder weniger mächtigen Schale von zweierählichen Gesteinen, wie die unter 3 erwähnten, und von Kalksilikathornfelsen.

5) Jenseits des Marmors und seiner Schale folgt Hornblendegranit. Derselbe besteht vorherrschend aus Plagioklas, Hornblende und Quarz, enthält ausserdem Orthoklas und Biotit und besitzt eine ziemlich ausgeprägte Parallelstruktur.

6) Gegen die Ludwigshöhe hin wird das Gestein ausgesprochen porphyrisch durch grosse Feldspathaugen, verliert etwas die Parallelstruktur und nimmt gleichzeitig eine Menge kleinerer feinkörniger, dunkler Dioriteinschlüsse auf, die bald spitz, bald gerundet, bald eckig, wie zerrissen, von der Granitmasse umhüllt sind. Nach Südosten hin werden die Dioriteinlagerungen grösser und grösser und wechseln zonenartig mit dem Granit.

7) In der Gegend von Wilmslnausen, Elmshausen und Reichenbach verschwindet der Hornblendegranit fast gänzlich, um einer einheitlicheren mächtigen Dioritmasse Platz zu machen. Der Diorit zeigt keine Parallelstruktur und ist mittel- bis feinkörnig.

Das soeben geschilderte normale Profil wird an der Schlucht, welche im Hochstädter Thal von Mösingers Mühle nach der Eremitage hinaufzieht, gestört, nachdem schon zwischen dieser und der nächstöstlichen Schlucht, zwischen Mösingers und Jungs Mühle, die Gesteinsglieder Unregelmässigkeit gezeigt haben, und der Marmor an dieser Stelle sein vermutliches Ende erreicht hat, ehe er mit kleiner Verschiebung gegen SW. am Fürstenlager und grösserer bei Bensheim fortsetzt. Nach der Rheinebene zu sind hier die Gesteine durch eine nordnordwest-südsüdöstlich streichende Verwerfung etwa 4 bis 500 m ins Hangende verschoben. Unterhalb des Auerbacher Schlosses setzen zwar westlich der Verwerfung dieselben Schiefer fort, aber das Streichen des verworfenen Teiles wechselt von NO nach NW, und das Einfallen wird bald steiler, bald flacher. Weiter gegen Südosten dagegen stossen Gesteine des Schieferkomplexes auf den Hochstädter Granit und Hornblendegranit der Rossbach, welche nun erst südlich des Fürstenlagers wieder beginnen. Der porphyrische Hornblendegranit mit den Dioriteinschlüssen stösst an Hochstädter Granit, aus dem die nördliche Seite der Schönberger Höhe und der Kirchberg bei Bensheim bestehen. Auf den Hochstädter Granit folgt dann nach Süden hin wieder der Marmor mit seiner Schale. Aus alledem geht hervor, dass nächst der Rheinebene ein Teil des Gebirges abgesunken, verschleift, gedreht und flacher gelagert worden ist.

120

Soweit schildert ungefähr die Umgebung des Marmors Landesgeologe Dr. Chelius, der in diesem Herbste mit der geologischen Landesaufnahme dieses Gebietes begonnen hat. Derselbe hält die Gesteine vom Melibokus, sowie von Hochstädten bis Elmshausen für eruptir, und die Schiefer, die gneissähnlichen Gesteine, den Marmor und die Hornfelse für umgewandelte Sedimente. Etwaige Beziehungen des Hochstädter Granits zu dem des Melibokus wären nach seiner Meinung noch zu erforschen. Andrerseits glaubt er, dass der Hochstädter Granit ein Teil eines grossen Granitmassivs sei, zu welchem dann als Randzonen der normale sowie der porphyrische Hornblendegranit gehörten. Ferner hält er dieses Granitmassiv für jünger als den Diorit und die Schieferschollen mit dem Marmor, die es injiciert hat und umschliesst. Die hornblendereichen Gesteine in den Schiefern werden nach Analogie der Eberstädter Vorkommen als veränderte Diabase gedeutet. In das ursprünglich aus Schiefern, Diabas und Diorit bestehende, aber dislocirte Gebirge drang der Granit ein und verblieb, abgesehen von wenigen grösseren Störungen, in seiner ursprünglichen Form erhalten, soweit nicht die Parallelstruktur eine später aufgeprägte ist.

Tchihatchef hat den Schieferkomplex Biotitgneiss genannt und die ziemlich gradlinige Verwerfung gegen NW gelogen gezeichnet, indem er Punkte der Hauptverwerfung mit Nebenverwerfungen verband. Den hornblendefreien Granit von Hochstädten mit seiner hornblendereichen Zone und der porphyrischen Ausbildung bezeichnet er als Hornblendegneiss. Während die Grenze der von Tchihatchef als Biotit- und Hornblendegneiss bezeichneten Gesteine östlich des Auerbacher Schloss-Berges eine südwest-nordöstliche Richtung besitzt, verlängert Tchihatchef die Verwerfungsgrenze bis nach dem Melibokus hin.

Die Ansicht von Chelius, dass die von Tchihatchef unter dem Namen Hornblendegneiss zusammengefassten Gesteine eruptiver Natur seien, will der Verfasser nicht bestreiten, glaubt jedoch, dass auch manches für eine sedimentäre Bildung spricht.

Seibert hat auf seiner 1858 erschienenen kleinen Karte der Umgebung des Marmors den Hochstädter Granit als grobkörnigen Gneiss aufgezeichnet und den Hornblendegranit als Syenit, den Hornblendegranit mit Einschlüssen von Diorit als „Gneiss mit Syenit", sowie den Granit vom Ernst-Ludwigs-Tempel und dem Bensheimer Kirchberg ebenfalls als Granit bezeichnet. Den Schieferkomplex mit seinem Eruptivmaterial nannte er „Gneiss, Syenitschiefer, Eurit, mit Euritschiefer wechsellagernd und Hornblendeschiefer".

Der Hornblendegranit in seiner verschiedenen Ausbildung, sowie der Diorit zeichnen sich durch ihre Neigung zur Wollsackbildung aus. Viele

Felsenmeere, besonders am Felsberg legen hiervon Zeugnis ab. Die Ent-
stehung der Wollsäcke läßt sich zuweilen deutlich verfolgen. Man findet
Kerne festeren Gesteins, die eine konzentrische Verwitterung ihrer Gemeng-
teile zeigen, in Grus eingebettet, der sich in deutlichen Schichten um die
Kerne legt. Wird das zersetzte Material weggespült, so bleiben die bekannten
Wollsäcke übrig. Beide Gesteine haben seit etwa 10 Jahren zu einer regen
Steinindustrie Anlass gegeben. Der Hornblendegranit führt im Handel schlecht-
hin den Namen Granit, während der Diorit als Syenit bezeichnet wird.

Das krystalline Grundgebirge wird von Diluvium überlagert, welches bis
zu beträchtlicher Höhe an den Thalrändern hinaufragt. Es besteht aus einer
groben Geröllelage und darüber aus Löss, soweit nicht Abhangschutt und
verschlemmter Löss es verdeckt oder ersetzt haben. Grobe Blockanhäufungen
am Rande des Alluviums im Hochstädter Thale, welche mehrere Meter über
den Thalboden seitlich hinaufragen und deutlich vom Alluvium angeschnitten
sind, waren am besten in dem zweiten neuen Auerbacher Wasserreservoir
aufgeschlossen. Dieselben bestanden aus kopf- bis ½ m grossen Blöcken, welche
alle aus der Umgegend stammten und von Granit, Diorit, Aplit, Quarzit, Marmor, Basalt etc. gebildet worden. Die Stücke waren schwach kantengerundet
oder scharfkantig und ungeschichtet über einander gehäuft. Ueber ihnen
lagerte ein aus verschlemmtem Löss entstandener brauner Lehm oder weiterhin
echter Löss. Im Steinbruche gegenüber Hoffmanns Mühle ist die Granitunter-
lage scharf und glatt abgesetzt gegen kleinkörnigere, von gelbem Eisenocker und
schwarzem Manganerz gefärbte Gerölle mit Sanden. Ueber dieser Schicht liegt der
Löss. Derselbe beginnt mit seiner unteren Grenze am Gebirgsrande nach der
Rheinebene zu, etwa bei 160 m Höhe über N. N., und lagert dort feinen Sanden
mit Odenwaldschotterstreifen und Geröllschmitzen auf. Diese Sande und Schotter
bilden eine topographisch vorzüglich sich zwischen der 110—160 m. Kurve
erhebende hohe Terrasse, auf der ein neuer Teil Auerbachs steht. Unterhalb
110 m beginnt der sandige Lehm einer niederen Terrasse und der alten niederen
Schuttkegel an der Mündung der Seitenthäler zur Rheinebene, die sich zum
Teil bis in die alte Neckarniederung bei 92—93 m Höhe verfolgen lassen.
Die lössartigen Materialien zwischen 110 und 160 m sind wohl selten primärer
Ablagerung.

Die Marmorlager.

Die 4 vorhandenen Marmorvorkommen liegen auf einer Linie von 3,5 km
Gesamtlänge und südwest - nordöstlicher Richtung zwischen Bensheim und

Hochstädten und werden, von West nach Ost aufeinander folgend, durch die
Punkte Kirchberg, Schönberger Höhe, Rossbach und Dangertshöhe bezeichnet.
Die beiden westlichsten Vorkommen sind durch die obenerwähnte Verwerfung
gegen die östlichen um etwa 200 resp. 500 m nach Süden zu verschoben.

I. Das Vorkommen in der Rossbach.

(Siehe Taf. I. Fig. 1—3.)

Das Vorkommen in der Rossbach, das grösste der genannten, wird heute
allein noch, und zwar in ausgedehnterem Masse, technisch ausgebeutet. Es
zeigt daher die besten Aufschlüsse und soll aus diesem Grunde in vorliegender Arbeit vorzugsweise berücksichtigt werden.

Sichere Anzeigen weisen darauf hin, dass schon die alten Römer hier
Material gewonnen haben.

Lange Zeit war der Abbau in den Händen der Grossherzoglichen Forst-
verwaltung, welche auch die unterirdische Gewinnung in Angriff nahm. Im
Jahre 1865 ging die Lagerstätte pachtweise in die Hände des Bergingenieurs
Dr. W. Hoffmann über, von wo ab ein Abbau in grösserem Masstabe und
nach bergmännischen Grundsätzen begann.

Am Tage ist das Vorkommen in 5 Fingern (auf Taf. I mit I—V bezeichnet)
aufgeschlossen. Die Grube führt die Bezeichnung „Marmorbergwerk Auerbach" und zerfällt in zwei gesonderte Abteilungen, die Vordergrube und die
Hauptgrube. Die bisherigen Aufschlüsse weisen darauf hin, dass auch eine
geologische Trennung in zwei Marmorlager vorhanden ist. Die Vordergrube,
welche schon seit längerer Zeit ausser Betrieb und unzugänglich ist, baut
auf dem westlichen Marmorlager. Dasselbe wurde durch einen querschlägigen
Stollen von 60 m Länge, nahe beim Forsthaus Auerbach, im Hochstädter
Thale, aufgeschlossen und mittels einer 150 m langen Strecke abgebaut. Die
Mächtigkeit des saiger stehenden Lagers beträgt hier 10 m. Ueber der
Vordergrube zieht sich die Finge V hin.

300 m östlich vom Forsthaus Auerbach, nahe bei Hochstädten, liegen in
einem Wiesenthälchen die Tagesanlagen der Hauptgrube (siehe Taf. I). Die
unterirdischen Baue, welche in dem östlichen Marmorlager stehen, erstrecken
sich unter den Fingen II, III und IV nach der Vordergrube hin. Eine genaue Beschreibung der Lagerungsverhältnisse dieses Teiles des Marmorvorkommens kann nur im Zusammenhange mit einer Schilderung der Grubenbaue geschehen. Auch wird hierdurch eine genauere Ortsangabe gewisser interessanter

Gesteins- und Mineralvorkommen ermöglicht. Die Lagerstätte macht in der Hauptgrube, ebenso wie auch in den anderen Aufschlüssen, durchaus den Eindruck eines gangförmigen Vorkommens, und es ergeben sich hieraus die im Betriebe angewandten Bezeichnungen.

Durch einen 26 m langen Schleppschacht und eine sich anschliessende völlige Förderstrecke von 40 m Länge gelangt man in den „Hauptgang" genannten Teil des Vorkommens. Schleppschacht und Förderstrecke stehen im Marmor und sind annähernd im Streichen getrieben. Das Lager ist fast überall in seiner ganzen Mächtigkeit abgebaut. Seine Abbaustrecke ist 12 m hoch und ca. 125 m lang. Es steht ziemlich saiger, nur an einigen Stellen ist ein geringes Einfallen nach Südost zu bemerken. Die Mächtigkeit wechselt zwischen 30 und 8 m. Wo die Förderstrecke einmündet, ist sie am grössten. An dieser Stelle laufen 2 Trümmer ab, eines im Hangenden und eines im Liegenden. Das hangende Trumm schart sich in einer Entfernung von 100 m wieder mit dem Hauptlager. Seine Mächtigkeit beträgt 2—4 m, die Höhe seiner Abbaustrecke etwa 10 m. Das Einfallen schwankt zwischen 80 und 90° nach Südost. Nahe der Stelle, wo sich das hangende Trumm wieder mit dem Hauptlager schart, werden die Abbauverhältnisse so ungünstig, dass ein Durchschlag nicht erfolgen konnte und die Verbindung mit dem Hauptlager mittels eines Querschlags (hangender Querschlag) hergestellt werden musste. Die Mächtigkeit des Zwischenmittels steigt bis 15 m, ihr Maximum erreicht sie an der Stelle, wo das Hauptlager die grösste Einschnürung zeigt. Von der Pinge III aus wurden am Tage noch zwei weitere Strecken (obere und untere Tagesstrecke) in dem Trumme aufgefahren. Ausserdem steht in demselben der 35 m tiefe Wetterschacht. Das liegende Trumm, welches eine Mächtigkeit von 7 m und eine vollkommen saigere Lage besitzt, ist noch wenig aufgeschlossen. Seine 80 m lange Abbaustrecke ist durch einen Querschlag (liegender Querschlag) mit der des Hauptlagers verbunden. Das Zwischenmittel (liegendes Zwischenmittel) ist etwa 10 m mächtig. Bei Betrachtung des Grubenbildes (Taf. I) findet man, dass das liegende Zwischenmittel sich wahrscheinlich nach Westen hin auskeilt, und also auch das liegende Trumm sich wieder mit dem Hauptgange schart. Das Fortschreiten des Abbaues wird hierüber den nötigen Aufschluss bringen. Alle die genannten Baue, mit Ausnahme der beiden Tagesstrecken im hangenden Trumm werden unter der Bezeichnung 1. Sohle vereinigt. Die Förderung von derselben erfolgt über einen Förderberg (alter Förderberg), der die Förderstrecke mit der Abbaustrecke des Hauptlagers verbindet. Der Abbau einer II. Sohle hat vor einigen Jahren begonnen, indem die genannte Abbaustrecke um 12 m vertieft wird. Ein weiterer Förderberg (neuer Förderberg) vermittelt auch von hier aus den Transport nach der Förderstrecke. Die I. Sohle liegt 15 m, die II. 27 m unter der Hängebank des Schleppschachtes. Die saigere Entfernung der II. Sohle von dem höchsten Punkte der Pingen beträgt 73 m.

Aus vorstehendem ergiebt sich, dass der Hauptgang und seine beiden Nebentrümmer als ein einziger Marmorkörper aufzufassen sind, welchem zwei mächtige Zwischenmittel eingelagert sind. Ferner wird im nachfolgenden gezeigt werden, dass die Eigenschaften, welche der Marmor in den Trümmern besitzt, auch in deren Fortsetzung im Hauptlager auftreten.

Wie die Verhältnisse in der Grube geschildert wurden, so liegen sie im allgemeinen auch am Tage in den Pingen. Ihre Erkennung ist allerdings daselbst viel schwieriger, da das vergruste Nebengestein die Aufschlüsse vielfach überdeckt hat und die Zwischenmittel teilweise abgetragen sind.

Nach Tchihatchef[1]) soll der Marmor dem Nebengesteine diskordant eingelagert sein. Es hat sich jedoch nachweisen lassen, dass am Kontakt beider Gesteine Streichen und Fallen überall übereinstimmen. Seinen Grund hat der Irrtum Tchihatchef's in der Thatsache, dass in einiger Entfernung vom Kalk durch Wegbauten etc. aufgeschlossene Schichten des Nebengesteins ein südöstliches Einfallen von ca. 50° haben, während das Einfallen der Marmorlagerstätte, wie schon bemerkt, 80—90° beträgt. Was die Streichrichtung anbelangt, so ist eine genauere Angabe derselben schwierig. Das Liegende des Marmorlagers ist noch zu wenig untersucht. Das Hangende, welches in einer Länge von 200 m entblösst ist, zeigt ein Streichen von 44°.[2]) Dieses sei vorläufig auch für den ganzen östlichen Kalkkörper angenommen.

Zwischen den beiden Hauptmarmormassen liegen noch zwei kleinere Tagesaufschlüsse von Marmor (auf Taf. I mit 1 u. 2 bezeichnet). Ausserdem steht dieser etwa 50 m westlich von dem Stollen der Vordergrube, am Wege nach dem Fürstenlager, mitten im Nebengestein an. Das ganze Auftreten des Marmors an dieser Stelle ist ein derartiges, dass man versucht ist, ihn für einen Ausläufer des westlichen Marmorlagers zu halten. Was nun den Zusammenhang zwischen den beiden Hauptmarmormassen anbelangt, so dürfte es nicht unwahrscheinlich sein, dass die westliche durch eine Verwerfung ins Liegende (eine Nebenverwerfung der pag. 119 erwähnten grösseren) von der östlichen getrennt ist. Vielleicht sind dann die beiden obengenannten kleineren Marmormassen bei der Verwerfung

---

[1]) pag. 50.
[2]) Unter Berücksichtigung der Deklination von 12° 37' nach W.

longerisme Stücke. Thatsache ist, dass sowohl in der Pinge V, als auch in der Abbaustrecke der darunter liegenden Vordergrube, der Marmor nach Osten hin in seiner ganzen Mächtigkeit plötzlich abgeschnitten wird. In der Hauptgrube ist der Abbau nach Westen hin noch nicht genügend vorgeschritten, um über diese Frage den nötigen Aufschluss bringen zu können. Die Gesamtlänge des Rossbach-Vorkommens beträgt etwa 500 m.

In dem Marmor finden sich Einlagerungen von Silikatgemengen. Ausserdem sind Marmor und Gneiss durch Kontaktbildungen mit einander verbunden. Bei einer genaueren Schilderung des Vorkommens sind daher drei wesentliche Bestandteile[1]) zu unterscheiden:

1) Der Marmor.
2) Die Einlagerungen.
3) Die Kontaktbildungen.

I. Der Marmor.

Der Marmor besitzt im allgemeinen eine fein- bis grobkörnige Struktur, zuweilen tritt er auch dicht oder spätig auf. Die Farbe ist im Durchschnitt grauschweiss und wechselt zwischen reinem Weiss und Schwarzgrau. Vereinzelt findet man auch gelben, roten und ganz selten blauen Marmor. Das grobkörnige Gestein lässt mit blossem Auge deutlich die Zwillingsstreifung nach — ¼ R erkennen. Wirkliche Schichtung zeigt der Marmor an keiner Stelle, dagegen besitzt er die Eigenschaft, in der Streichrichtung gut zu spalten. Es muss also doch ein gewisser, wenn auch nur mikroskopisch sichtbarer, Parallelismus in der Anordnung seiner Individuen vorhanden sein. Merkwürdiger Weise fand Tchibatchef[2]) einen solchen nur in den peripherischen Teilen der Lagerstätte. Hier waren die Calcitindividuen parallel der Streichrichtung gestreckt, und es bestand ein Wechsel zwischen grobem und feinem Korn.

Vielfach tritt eine dunkle Bänderung auf, die in der Richtung des Streichens weithin den Marmor durchzieht. Am ausgesprochensten ist dieselbe im hangenden Trumme und in den entsprechenden Teilen des Hauptlagers. Die Bänder setzen deutlich aus dem Trumme in das Hauptlager fort, und ebenso ist die erwähnte Spaltbarkeit, die hier ebenfalls ganz besonders hervortritt, in gleicher Weise diesen hangenden Teilen der Lagerstätte eigen. Die Bänder werden

[1]) In derselben Weise, jedoch andere Bezeichnungen benutzend, teilt auch Tchibatchef ein.
[2]) pag. 15.

zuweilen sehr breit, und es entsteht dann der erwähnte schwarzgraue Marmor.
Meist lässt sich mit blossem Auge die Ursache der Schwärzung nicht erkennen.
Nicht selten jedoch erblickt man in den Bändern eine Unmenge kleiner sechs-
seitiger Graphit-Plättchen, und Tchihatchef[1]) fand bei der mikroskopischen
Untersuchung in ihnen eine Anhäufung grauer staubförmiger Partikelchen,
in denen er ein kohliges Pigment vermutete. Man darf also wohl mit Sicherheit annehmen, dass die Bänderung resp. die schwarzgraue Farbe des Marmors
von einer Einmengung von Graphit herrührt. Der oben genannte dichte Marmor
durchzieht in Bändern von roter Farbe, deren Mächtigkeit bis 20 cm beträgt,
nach allen Richtungen das körnige Gestein des liegenden Trummes und seiner
östlichen Fortsetzung im Hauptlager. Meist zeigen die Bänder an ihrem
Salbande eine etwas dunklere Farbe als im Centrum. In derselben Weise
tritt der dichte rote Marmor in noch näher zu schildernden Breccien der liegenden Teile der Lagerstätte auf. An einer nachträglichen Bildung dieses Marmors
aus wässeriger Lösung ist jedenfalls nicht zu zweifeln. Spätiger Marmor erscheint
in Drusen als Unterlage von Kalkspathkrystallen. Es wird dieses Vorkommen
bei der Beschreibung der einzelnen Mineralien noch näher zu betrachten sein.
Ausserdem findet er sich im liegenden und hangenden Trumm in einer Aus-
bildungsweise, wie sie die Mineralgänge zeigen. Im liegenden Trumm kommt
er in etwa 20 cm mächtigen Zonen vor, welche parallel der Streichrichtung
verlaufen. Ob hier eine wirkliche Wechsellagerung von körnigem und spätigem
Marmor vorliegt, liess sich nicht feststellen; wahrscheinlicher ist, dass die spätige
Varietät eine nachträgliche Ausfüllung der im liegenden Trumm vielfach auftretenden Klüfte bildet. Im hangenden Trumm durchsetzen diese gangartigen
Bildungen das Nebengestein, indem sie teilweise an die Stelle des körnigen
Marmors treten und an einigen Stellen Bruchstücke des Nebengesteins um-
schliessen. Ihre Mächtigkeit beträgt hier bis zu 40 cm. Eine deutliche
Parallelstruktur ist allen diesen Kalkspath-Vorkommen eigen. Sie bestehen
aus einzelnen Bändern, welche mannigfache Windungen und einen Wechsel
zwischen blutroter, gelber und weisser Farbe zeigen. Die Spaltflächen der
einzelnen Calcitindividuen stehen zum Teil senkrecht zur Richtung der Bänder.

An manchen Stellen findet eine bedeutende Anhäufung kieselsäurereicher
Gemengteile in dem Marmor statt. So kommt nahe am Liegenden der Finge V
eine Bank sandigen Marmors vor, welcher, wie aus der unten angegebenen Analyse (IV) hervorgeht, ca. 12% unlöslichen Rückstand enthält. Noch unreiner

ist hie und da ein spätiger roter Marmor des liegenden Trumms, der in seinem Aussehen sehr an Eisenkiesel erinnert. Sein Gehalt an unlöslichem Rückstand beträgt nach einer von Tchihatchef pag. 9 unter V angegebenen Analyse 14,36%.

Zu den von Tchihatchef angeführten Analysen seien hier noch einige hinzugefügt:

	I	II	III	IV	V	VI
Ca O	55,04	52,08	53,46	51,24	49,26	47,48
Mg O	0,50	1,42	Spur	0,04	0,18	1,33
Fe O	0,05	0,23	2,06	3,00	0,74	1,13
C O$_2$	42,90	42,70	42,02	41,82	39,33	36,45
H$_2$ O	0,14	—	0,23	1,28	—	0,40
In H Cl unlöslicher Rückstand	1,11	4,58	2,13	3,53	11,79	14,36
	99,74	101,01	89,90	100,89	101,30	101,15

Die Analysen I, III und IV sind von der Grossh. chemischen Prüfungsund Auskunftsstation für die Gewerbe in Darmstadt ausgeführt, II von Herrn Dr. E. Winkler in Darmstadt und die unter IV und VI verzeichneten sind der Arbeit von Tchihatchef entnommen.

I. Weisser Marmor aus dem Hauptlager. Das Material gehört den reinsten Partieen an und wurde auch qualitativ untersucht. Es fanden sich ausser den oben angeführten Bestandteilen: in geringen Mengen Kiesliche Kieselsäure, Thonerde, Magnesia und Kali, ferner Sparen von Natron, Strontiumoxyd und Schwefel.

II. Schwarzgrauer Marmor aus dem Hauptlager. Zwischen I und II liegt ungefähr die durchschnittliche Zusammensetzung des Gesteins.

III. Dichter roter Marmor aus dem hangenden Trumm.

IV. Gelber Marmor aus dem hangenden Trumm.

V. Marmor aus der sandigen Bank nahe am Liegenden der Plage V.

VI. Der oben erwähnte spätige rote Marmor aus dem liegenden Trumm.

Der Marmor ist reich an unregelmässigen Ablösungen, die durch Eisen gelblich gefärbt und oft mit Dendriten überkleidet sind. Ausserdem durchsetzen nach allen möglichen Richtungen zahlreiche Klüfte das Gestein. Dass unter den letzteren ein System besonders vorherrscht, ist schon von Tchihatchef[1] erwähnt.

[1] pag. 14.

Manche Klüfte sind mit Letten angefüllt und diese führen Schnüre von rotbraunem Bolus mit sich. In einigen finden sich ausserdem abgerundete Marmorbrocken, und es weisen alsdann deutliche Rutschflächen darauf hin, dass man es mit Verwerfungs-Klüften zu thun hat. Diese treten vorzugsweise in den liegenden Teilen der Lagerstätte auf. Eine der Verwerfungsklüfte lässt sich fast durch das ganze östliche Marmorlager hindurch verfolgen, die Kluftflächen zeigen vielfach parallele Riefen von etwa 30° Neigung, und an einigen Stellen hat die Verwerfung die Entstehung von Reibungsbreccien zur Folge gehabt, welche zwischen Kluftfläche und festem Gestein eine Schicht von etwa 25 cm Dicke bilden. An einer Stelle sind diese Breccien schon von Tchihatchef[1] nachgewiesen und näher untersucht worden.

In den liegenden Teilen der Lagerstätte, welche sich vor den übrigen durch ihren Reichtum an Störungen auszeichnen, haben sich noch manche andere Breccien gefunden. Einige derselben bestehen aus eckigen Bruchstücken weissen Marmors, welche durch gangartige Bildungen der dichten roten Varietät verbunden sind. Zuweilen enthalten sie auch Fragmente des erwähnten gehänderten spätigen Marmors und hie und da finden sich in Hohlräumen Kalkspathkrystalle ausgeschieden. In anderen sind Bruchstücke von Marmor, sowie einer Einlagerung, durch zerriebenen Marmor verkittet. Schon früher[2] wurde auf die eigenthümlichen Breccien des hangenden Trumms hingewiesen. Dieselben, durch die untere Tagesstrecke aufgeschlossen, enthalten Bruchstücke von Aplit, der in der Nähe der Lagerstätte vielfach auftritt, und eines grünlichen zersetzten Gesteins. Dazwischen finden sich Gemenge, die aus Bröckchen der genannten Gesteine und aus Kalkspathkörnern bestehen. Das Bindemittel aller dieser Fragmente bildet gangförmig ausgeschiedener spätiger Marmor. Das grünliche Gestein braust schwach mit konzentrierter H Cl; seine grüne Farbe mag von einer Neubildung von Chlorit herrühren. Während es bei den Breccien der liegenden Teile der Lagerstätte ausser allem Zweifel ist, dass sie Folgen einer nachträglichen mechanischen Thätigkeit sind, so liegt bei den Vorkommen im hangenden Trumm auch die Möglichkeit einer anderen Entstehung vor. Die Thatsache, dass die Breccien geradezu den Marmor vertreten, weist vielleicht darauf hin, dass sie schon bei der Bildung der Marmorlagerstätte entstanden sind.

Der in Drusen ausgeschiedene Kalkspath zeigt zuweilen die Spuren von Druckwirkungen. So wurden aus einer der noch später zu besprechenden

[1] pag. 13.
[2] pag. 124.

Drusen des hangenden Trummes Kalkspatspaltungsstücke zu Tage gefördert, welche durch eine in der Richtung einer Endkante wirkende Kraft gekrümmt sind und an der Stelle der stärksten Krümmung einen seidenartigen Glanz besitzen.

Nahe der oben erwähnten grossen Verwerfungskluft, an der nördlichen Wand der Pinge II, ist eine eigentümlich gekrümmte Fläche zu sehen. Dieselbe zeigt etwa die Form einer Wanne und ist etwa 4 m lang und 1,5 m breit. Spuren einer Abrutschung sind nicht vorhanden. Dagegen scheint der dahinter liegende Marmor parallel der Fläche gebogen zu sein. Die Entstehung derselben ist wohl ebenfalls auf mechanische Wirkungen zurückzuführen.

Eine häufige Erscheinung im Marmor sind Hohlräume, ähnlich denen, die von Schalch[1] bei der Beschreibung des Wildauer Marmorvorkommens erwähnt werden. Sie besitzen meist die Form von röhrförmigen Schloten, deren Durchmesser bis 3 m beträgt, durchziehen in aufsteigender Richtung das Gestein und scheinen sich bis zu einer bedeutenden Tiefe hinab zu erstrecken. Wie in Wildau sind sie häufig mit braunen Letten, Marmor und Granitbrocken gefüllt. An ihren Wandungen zeigt der Marmor eine eigentümlich sandige Oberfläche. Zuweilen laufen kleinere Schlote von den grösseren ab, um sich dann wieder mit diesen zu vereinigen, oder die Schlote erweitern sich zu grossen höhlenartigen Räumen. Vor Ort der I. Sohle des Hauptganges häuften sie sich derart an, dass der Abbau in den gewohnten Dimensionen nicht mehr genügende Sicherheit bot, und man daher genöthigt war, geringere Abmessungen anzuwenden. Aber auch in der nun fortgesetzten engeren Abbaustrecke zeigten sie sich sehr störend. So wurde von der letzteren eine Höhle von 7 m Länge und 3 m Breite angefahren, von welcher sich nach oben und unten zahlreiche Schlote abzweigten. An einigen Stellen hatten diese das Gestein derart gelockert, dass grosse Blöcke herabzustürzen drohten und ohne Schiess- und Keilarbeit hereingewonnen werden konnten. Höchstwahrscheinlich sind die Hohlräume durch die auflösende Thätigkeit stark kohlensäurehaltigen Wassers entstanden, und zwar scheint dieses seinen Weg von unten nach oben genommen zu haben. Die Schlote zeigen nämlich sehr häufig die Gestalt von nach unten gekehrten Trichtern. Zuweilen scheint es dem Wasser nicht gelungen zu sein, sich durch das Gestein gleichsam hindurch zu bohren, denn

[1] Erläuterungen zur geologischen Spezialkarte des Königreichs Sachsen, Section Schwarzenberg, pag. 29.

man sieht an den Wänden der Höhle Ansätze von trichterförmigen Schloten, die nach oben keine Verbindung haben und mehrmals abgesetzt sind.

Weitere Spuren der Thätigkeit des Wassers finden sich in der Tiefbaustrecke des hangenden Trummes. Etwa 20 m östlich von jenem Punkte, wo Trumm und Hauptlager sich wieder scharen, liegen in vergrustem Granit grosse Blöcke von Marmor. Dieselben bestehen aus vollkommen gesundem Material, zeigen etwas abgerundete Kanten und dieselbe mandige Oberfläche wie der Marmor in den Hohlräumen. In dem Granit-Grusse, der ohne jede Schichtung ist, findet man hie und da kleine eckige Brocken aus gesundem Granit und Marmor. Hier ist also die Wegführung des Marmors schon sehr weit vorgeschritten, die Höhlen und Schlote haben sich derart erweitert und vereinigt, dass nur Marmorblöcke und Hohlräume übriggeblieben sind. Letztere wurden dann später von dem ersetzten Nebengesteine ausgefüllt.

2. Die Einlagerungen.

Gewisse von den Bergleuten wegen ihrer Härte Eisenköpfe[1]) genannte Gesteine treten in kugeliger Form und in Bänken ohne jede Regelmässigkeit im Marmor auf. Tchihatchef[2]) bezeichnet sie als Konkretionen, mit der Begründung, dass die diese Gesteine zusammensetzenden und die als Beimengungen des Marmors erscheinenden Mineralien dieselben sind. Ob seine Bezeichnung richtig ist, bleibe dahingestellt. Andere Thatsachen, welche sie rechtfertigen, sind nicht vorhanden. Es ist daher hier der allgemeinere Ausdruck „Einlagerungen" gebraucht.

Der Durchmesser der kugeligen Einlagerungen schwankt zwischen wenigen Centimetern und mehreren Metern. Die Bänke scheinen Tchihatchef nicht bekannt gewesen zu sein. Sie sind selten mächtiger als 1 m, erreichen dagegen oft eine bedeutende Länge. Ihr Streichen stimmt hie und da mit dem der Lagerstätte überein, weicht aber noch häufiger beträchtlich von demselben ab und verläuft sogar zuweilen vollkommen senkrecht dazu.

Tchihatchef fasst die Einlagerungen in drei Gruppen zusammen:

1) Granatfelsartige,
2) Malakolithfelsartige,
3) Solche vom Habitus der Feldspatgesteine.

Zu der dritten Gruppe gehört eine Reihe von Gesteinen, die besonders in den letzten Jahren aufgefunden wurden und noch nicht beschrieben sind.

---

[1]) Eisenköpfe = Eisenknöpfe.
[2]) pag. 19.

Von der Tiefbaustrecke des hangenden Trummes wurde eine amphibolitartige Einlagerung von kugeliger Form und etwa 1 m Durchmesser angefahren. Das Gestein besteht hauptsächlich aus Feldspat und grüner Hornblende und enthält als accessorische Gemengteile: Quarz, Calcit und Pyrit. Die Hornblende erscheint in grossen, eigentümlich gewundenen Aggregaten und ist zum Teil in Asbest übergegangen.

Auf der II. Sohle des Hauptlagers, nahe dem neuen Förderberge, fand sich im Marmor ein helles Gestein, welches eine mehrere Meter mächtige, senkrecht zum Streichen der Lagerstätte gerichtete Bank bildete. Seine Hauptgemengteile waren Quarz, Feldspat und Hornblende. An einigen Stellen traten Titanit und Rhodonit auf. Quarz und Feldspat zeigten schriftgranitische Verwachsung. Das Gestein war von einer aus Wollastonit und hellbraunem Granat bestehenden Zone umhüllt.

Nördlich vom neuen Förderberge, nahe am Liegenden, steht eine im Streichen verlaufende Bank an, welche einem permutitischen Gesteine angehört. Dieses enthält Quarz, Feldspat und spärlichen Biotit und besitzt etwas Schichtung. Ihm sehr ähnlich ist eine kugelige Einlagerung, welche sich nahe am Liegenden der Pinge III findet und deutliche Schriftgranit-Struktur aufweist. Beide Vorkommen sind vielleicht in Beziehung zu dem Pegmatitgang im Hangenden des Marmors zu bringen.

Ferner ist auf der II. Sohle des Hauptlagers dem Marmor konkordant eine Bank eines brecciennartigen Gesteins eingelagert. Die Bank ist etwa 5 m vom liegenden Zwischenmittel entfernt und 15 cm mächtig. In einer dichten weissen Masse liegen parallel zum Streichen zackige Schlieren eines schwarzen Gesteines, welches makroskopisch nur zahlreiche Biotit-Blättchen erkennen lässt. Am Kontakt mit dem Marmor finden sich vielfach Bänder von Granat- und Wollastonitfels. Die unter der gütigen Leitung des Herrn Dr. Koch vorgenommene mikroskopische Untersuchung ergab folgendes: Die weisse Masse ist mit HCl schwach braunender Kalksilikathornfels und enthält: Quarz und Feldspat in maschenartiger Verwachsung, ferner trübe Massen, die vielleicht aus zersetztem Feldspat bestehen, Malakolith und hie und da Körnchen von Vesuvian und Zirkon. Die schwarzen Schlieren bestehen aus grüner Hornblende in aktinolithischer Form, Biotit, Malakolith, Quarz und spärlichem Feldspat. An einigen Stellen fand sich auch Schwefelkies. Der Malakolith tritt besonders an der Grenze gegen das weisse Gestein hin auf. Alle Gemengteile der Schlieren sind parallel zum Streichen der Bank angeordnet.

Im liegenden Trumm, sowie im entsprechenden Teile des Hauptlagers, liegen im Marmor allenthalben Bänke und unregelmässige Brocken von Hornfels und Granit. Sie sind meist sehr verwittert und von einer grünen stark zersetzten talkigen Masse umgeben. An mehreren Stellen waren zwischen diesen Gesteinen und dem Marmor aus Epidot und Granat bestehende Kontaktbildungen zu sehen. Vielleicht ist hieraus auch die grüne talkige Substanz hervorgegangen.

Am neuen Förderberge schiebt sich von Norden her eine Wand schiefriger Gesteine mit etwa 45° Einfallen in das Hauptlager hinein. Ob dieselbe dem Liegenden angehört, oder ob sie nur von einer grossen Einlagerung herrührt, hat bis jetzt noch nicht festgestellt werden können. Besonders bemerkenswert ist hier jedoch, dass etwa 5 m von ihr entfernt und parallel mit ihr dem Marmor ein ca. 25 cm mächtiges Flötz desselben Gesteines eingelagert ist. Der Uebergang vom Gneiss zum Marmor wird zu beiden Seiten des Flötzes durch Zonen, die aus Granat und Wollastonit bestehen, vermittelt. Die bisher aufgeschlossene Länge dieser flötzartigen Einlagerung beträgt etwa 20 m.

Schliesslich sei noch ein Gesteinsbruchstück erwähnt, das in allerneuester Zeit in der Nähe des hangenden Zwischenmittels gefunden wurde und geeignet erscheint, einiges Licht auf die Frage der Entstehung des Marmors zu werfen. Das Bruchstück besitzt etwa Kopfgrösse und einen nahezu rechteckigen Querschnitt. Letzteres derart, dass man eine in den Marmor eingesetzte Grabplatte vor sich zu haben glaubt. Das Gestein ist von mittlerem Korne und besteht aus Quarz, Plagioklas und Hornblende in aktinolithischer Form. Accessorisch erscheint reichlicher Titanit, sowie untergeordnet Magnetkies. Die grünen Aktinolithnädelchen sind parallel orientiert. Ihre Richtung verläuft senkrecht zum Streichen des Marmors. Das Ganze ist von einer bis 2 cm mächtigen Schale von Wollastonit und vereinzelt hellbraunem Granat umgeben. Die Wollastonitnadeln stehen senkrecht zur Kontaktfläche.

3. Die Kontaktbildungen.

An der Grenze zwischen Marmor und Nebengestein treten Kontaktbildungen auf, welche den von anderen Urkalkvorkommen bekannten sehr ähnlich sind. Nach Tchihatchef[1]) sollen diese von ihm Grenzbildungen genannten Gesteine nur an einigen Stellen vorhanden sein, sie haben sich jedoch überall vorgefunden, wenn auch zuweilen in geringer Mächtigkeit. Es lassen sich im wesentlichen zwei Gruppen unterscheiden:

[1]) pag. 27.

Die eine Gruppe zeigt eine bestimmte Reihenfolge ihrer Einzelbildungen. An der Grenze des den Marmor umhüllenden Gesteins treten Hornblende und Biotit sehr zurück, und Quarz und Feldspat sind zuweilen schriftgranitisch verwachsen. Nach der Lagerstätte hin folgt eine Zone, die hauptsächlich aus Epidotfels besteht und nur vereinzelt derbe Massen von Quarz und rötlichem Feldspat enthält. Dem Marmor zunächst tritt ein dunkelbrauner körniger Granatfels auf. Das Vorkommen von „Schriftgranit" am Salbande des Marmors worauf schon Fuchs und Knop aufmerksam machen, wurde von Tchihatchef nicht konstatiert. Die einzelnen Zonen sind ziemlich scharf von einander geschieden. Wenn auch zuweilen eine derselben fehlt, so bleibt doch überall die Reihenfolge die gleiche. Kieselsäure, Thonerde und Alkalien nehmen somit nach der Lagerstätte hin ab, während der Kalkgehalt zunimmt. Der Granatfels war in der unteren Tagesstrecke des hangenden Trummes, wo derselbe zuweilen eine Mächtigkeit von beinahe einem Meter erreichte, vielfach deutlich in zwei Zonen geteilt, von deren die dem Marmor zunächstliegende eine rote, die entferntere eine dunkelbraune Farbe zeigte. Zwischen dem Nebengestein und dem Epidotfels erscheint zuweilen Illrodonit und zwar meist da, wo das Nebengestein die schriftgranitische Ausbildung besitzt.

Bei der zweiten Gruppe fehlt jene Gesetzmässigkeit. Das Bindeglied zwischen Marmor und Nebengestein bildet hier ein Gestein, das in der Hauptsache aus Wollastonit besteht. In diesem liegt regellos eingebettet ein hellbrauner Granatfels. Zuweilen findet sich auch Vesuvian eingewachsen, sowie nach Tchihatchef[1]) Orthoklas, Plagioklas, Titanit und Hedenbergit. Nicht selten zeigt das Nebengestein auch bei dieser Gruppe am Kontakt Schriftgranitstruktur und ein Zurücktreten der Hornblende und des Glimmers. Der Wollastonit ist meist verwittert. Die Verwitterung schreitet nach dem Abbau des Marmors noch weiter fort, eine Erscheinung, die für den Betrieb sehr störend ist, da in Folge der Verwitterung sich im Laufe der Zeit grosse Platten des Kontaktgesteins ablösen und hereinzustürzen drohen. Erhöht wird diese Unannehmlichkeit noch durch die Thatsache, dass auch das Nebengestein am Salbande fast immer vergrusst ist. In ausgezeichneter Weise sind die Bildungen dieser Gruppe an jener erwähnten unter 45° einfallenden Wand im Liegenden des Hauptlagers entwickelt. Dieselbe ist von einem ca. 20 cm mächtigen Gesteine ummantelt, welches aus Wollastonit mit eingebettetem hellbraunen Granatfels besteht. Darüber folgt in einer Mächtigkeit von etwa

---

[1]) pag. 9i.

1 m ein inniges Gemenge von Wollastonit, Vesuvian, Calcit und spärlichem
Granat. Von der Wand ragt in den Marmor eine Zunge desselben Gesteins hinein,
welche dieselben Kontaktumhüllungen zeigt. Eine von der Grossh. chemischen
Prüfungs- und Auskunftsstation für die Gewerbe zu Darmstadt vorgenommene
Analyse des Gesteines der äusseren Zone ergab nachfolgende Zusammensetzung:

$$Ca\,O \quad 40.02$$
$$Mg\,O \quad 0.46$$
$$Fe_2\,O_3 + Al_2\,O_3 \quad 1.64$$
$$In\ H\,Cl\ unlösl.\ Rückst.\ 28.30$$
$$lösl.\ Si\,O_2 \quad 2.48$$
$$CO_2 \quad 26.67$$
$$H_2\,O \quad 0.19$$
$$Alkalien\ Spuren$$
$$\overline{}$$
$$99.76$$

Die Mächtigkeit der Kontaktzone wechselt zwischen wenigen cm und
1,5 m. Die Bildungen der ersten Gruppe finden sich meist im Hangenden
des Hauptlagers und seiner beiden Nebentrümmer, die der zweiten gewöhnlich im Liegenden derselben. Vielleicht ist diese eigentümliche Erscheinung
nicht ohne Bedeutung. Merkwürdiger Weise kennt Tchihatchef die Grenzbildungen von Granat- und Wollastonitfels nur auf der Nordseite des Marmorlagers.

Ausser den genannten erwähnt Tchihatchef[1] noch „gneissartige Grenzbildungen", welche teils direkt am Marmor, teils in grosser Nähe desselben, auf
wenige Punkte beschränkt, vorkommen sollen. Nur zwei derselben haben sich
mit Sicherheit nachweisen lassen. Die eine findet sich auf der Südseite der
Pinge V. Es ist ein Hornblende-Quarz-Feldspat-Gestein, das sich durch reich-
lichen Gehalt an Epidot auszeichnet. Die andere Grenzbildung, einem Hornfels nicht unähnlich, steht am Liegenden der Pinge IV an.

II. Die übrigen Lager.

Die Gesamtlänge des Lagers auf der Hangertshöhe beträgt etwa 400 m,
die Mächtigkeit nirgends mehr als 7 m. Ob es ein zusammenhängendes
Ganze bildet, lässt sich bei den ungenügenden Aufschlüssen nicht erkennen.
Der Marmor steht nahezu saiger, nur hie und da macht sich geringes Einfallen

[1] pag. 30.

nach Südost bemerkbar. Das Streichen ist ungefähr dasselbe wie in der Rossbach. Die konkordante Lagerung von Marmor und Nebengestein ist an mehreren Stellen deutlich zu sehen. Auch die Kontaktbildungen, sowie Einlagerungen fehlen nicht. Letztere sind im Gegensatz zu den Einlagerungen in der Rossbach-Lagerstätte vielfach in Form von kleinen Linsen parallel der stark hervortretenden Bänderung angeordnet. Die nächsten Punkte der Marmorlager auf der Bangertshöhe und in der Rossbach liegen etwa 500 m auseinander. Jedoch findet sich zwischen ihnen noch ein weiterer kleiner Marmoraufschluss. Fasst man beide Vorkommen zusammen, so beträgt die Länge des ganzen Marmorzuges 1400 m. Die Lagerstätte auf der Schönberger Höhe ist in einer Länge von etwa 100 m bekannt. Die Mächtigkeit scheint im Durchschnitt 10 m zu betragen. Ein Zusammenhang zwischen dem Vorkommen auf der Schönberger Höhe und dem am Kirchberg lässt sich nicht nachweisen.

Das Nebengestein der Marmorlager in der Rossbach und auf der Bangertshöhe mit besonderer Berücksichtigung des geologischen Profils der Hauptgrube.

(Siehe Taf. I).

Das unmittelbare Liegende der beiden Marmorlager in der Rossbach wird von einem vergrössten dünnschiefrigen Gestein gebildet, dessen Mächtigkeit etwa 1 m beträgt. In der Hauptgrube ist dieses Gestein nur an einer Stelle aufgeschlossen, dagegen am Tage in den Pingen überall zu sehen. Unter ihm, sowie als unmittelbares Liegendes des Lagers auf der Bangertshöhe erscheint jene eingangs erwähnte Zone des vergrossten Hochstädter Granits, welcher übrigens auch in der Pinge V über der Vordergrube bis an den Marmor heran tritt.

Die Hauptmasse des liegenden Zwischenmittels in dem Marmorlager der Hauptgrube gehört einem hellen massigen Gesteine an, welches in Zusammensetzung und Aussehen grosse Aehnlichkeit mit dem früher genannten Hornblendegranit besitzt. Von diesem unterscheidet es sich nur durch grösseres Zurücktreten der Hornblende und des Biotits. Das Gestein ist wohl mit Sicherheit als eine Varietät des normalen Hornblendegranits anzusehen, umsomehr, als dieser ja schon in unmittelbarer Nähe im Hangenden der Marmorlagerstätte auftritt. Im liegenden Querschlage, nahe am Kontakt mit dem liegenden

Trumme, enthält das Gestein an einer Stelle zahlreiche Titanit-Kryställchen makroskopisch eingemengt, und in der Mitte des Zwischenmittels hat der Querschlag eine etwa 1 m mächtige Zone eines hellen Granitfelses durchfahren. Zwischen dem Hornblendegranit und dem Marmor des Hauptlagers liegt wieder eine ca. 1 m mächtige Schicht des vergrünsten dünnschiefrigen Gesteines.

Auch das hangende Zwischenmittel besteht hieraus. Das Gestein ist hier jedoch meist gesund und nur zu beiden Seiten am Kontakt mit dem Marmor des Hauptlagers resp. des hangenden Trumines in etwa 50 cm mächtigen Zonen stark verwittert. Es enthält hin und wieder kleinere Feldspat-Augen.

Im Hangenden des Marmorzuges Rossbach-Hangertshöhe beginnt die Zone des normalen Hornblendegranits. Allerdings tritt derselbe nicht überall bis an den Marmor heran. Vielfach schiebt sich zwischen beide Gesteine wiederum eine Schicht des dünnschiefrigen Gesteines, dessen Mächtigkeit wohl im Durchschnitt 1,5 m betragen wird. In der Rossbach wird das unmittelbare Hangende fast allein von demselben gebildet. Nur in dem östlichen Teile des Marmorlagers der Hauptgrube erscheint der Hornblendegranit direkt am Marmor.

Aus vorstehendem ergeben sich somit die Thatsachen: Der Marmorzug Rossbach-Hangertshöhe liegt ziemlich genau auf der Grenze der beiden Gesteinszonen des Hochstädter Granits im Liegenden und des Hornblendegranits im Hangenden. Ausser dem Marmor, und zwar diesen meist umhüllend, tritt zwischen den beiden Graniten in geringer Mächtigkeit ein dünnschiefriges Gestein auf, welches ausserdem in der Hauptgrube mit dem Marmor, sowie dem Hornblendegranit wechsellagert.

Gangbildungen in der Nähe der Marmorlager.

Tchihatchef[1]) beschreibt die in der Nähe der Marmorlager auftretenden Gänge von Granit (Aplit), Pegmatit, Quarz, Basalt und Augitminette. Dieser Beschreibung ist noch einiges hinzuzufügen:

1. Pegmatit.

Ausser dem von Tchihatchef geschilderten Pegmatitgange, welcher am Hangenden des hangenden Trumnes scheinbar abstösst, ist noch ein zweiter

---
[1]) pag. 44.

besonders zu erwähnen. Derselbe steht am Hangenden der Pinge I an und
ist nach Süden zu etwa 100 m weit zu verfolgen. Das Gestein dieses Ganges
ist in Zusammensetzung und Aussehen dem des erstgenannten sehr ähnlich.
Es zeigt ebenfalls vielfach Schriftgranitstruktur und enthält reichliche Beimengung von Turmalin.

Eine ganze Reihe kleinerer Pegmatit- sowie Aplitgänge ist von den
Pingen in der Rossbach und auf der Hungerlahöhe im hangenden und liegenden Nebengesteine aufgeschlossen. Merkwürdiger Weise scheint keiner dieser
Gänge den Marmor ungestört zu durchsetzen, wenn auch ihr Material vielleicht
in den oben erwähnten Einlagerungen mit Schriftgranitstruktur wieder zu
erkennen ist.

2. Augitminette.

Der von Tchihatchef beschriebene Minettegang, der den östlichen Marmorkörper der Hauptgrube durchbricht, steht nicht, wie Tchihatchef angibt,
saiger, sondern breitet ein Einfallen von 60—70° nach Osten. Das Gestein
ist stark verwittert. Es war dies seiner Zeit die Veranlassung, dass an einer
Stelle, wo der Minettegang als Hangendes des Hauptlagers auftritt, ein grosser
Tagesbruch stattfand. In der Grube führt der Gang Schnüre von spätigem
Kalk, in welchem Einschlüsse von Kupferkies und Malachit enthalten sind.

Ein zweiter bis 20 cm mächtiger Gang ist durch die Tiefbaustrecke
des hangenden Trummes aufgeschlossen und durchsetzt annähernd im
Streichen den Marmor. Das Gestein ist von schwarzgrauer Farbe, vollständig
frisch und lässt mit blossem Auge in einer dichten Grundmasse porphyrisch
eingesprengte Biotit-Blättchen erkennen. Eine Kontaktwirkung auf den Marmor zeigt sich nirgends, wohl deshalb, weil das schon vorhandene krystalline
Gefüge des Gesteins durch das Eruptivgestein nicht mehr verändert werden
konnte. Andrerseits hat der Marmor durch Abkühlung einen Einfluss auf die
Struktur der Minette ausgeübt. Das Minettegestein wird nämlich nach den
Salbändern zu vollkommen dicht, so dass der Biotit makroskopisch nicht mehr
zu erkennen ist. Ausserdem bemerkt man am Kontakt mit dem Marmor vielfach eine prismatische Absonderung, welche senkrecht gegen die Abkühlungs-
fläche gerichtet ist. Die Mächtigkeit wechselt auf kleinem Raum ausserordentlich oft; sie sinkt bisweilen bis zu 2 cm herab. Nicht selten begleiten
nur wenige mm mächtige Trümmchen den Gang, oder, derselbe entsendet
breitzackige Apophysen in das Nebengestein. Einschlüsse sind häufig; es
sind entweder eckige Brocken von Hornblendegranit, oder körnige Aggregate

von Quarz, oder auch Schmitzen vom Marmor. Zuweilen sind die Einschlüsse von konzentrischen Streifen der Gangmasse umgeben. Wie die dichte Beschaffenheit der Minette in diesen Streifen schliessen lässt, ist die Entstehung der letzteren einer abkühlenden Wirkung der Einschlüsse zuzuschreiben.

Ein weiterer Minettegang befindet sich an dem Wege, der auf der Schönberger Höhe entlang führt, östlich von dem Ernst-Ludwigstempel.

Einem gemischten Gange scheint ein aus der Hauptgrube stammendes dichtes Gestein anzugehören, dessen Fundort leider nicht genau ermittelt werden konnte. Es durchbricht gangartig den Marmor in einer Mächtigkeit von etwa 20 cm und besteht aus einer schwarzen Gangmitte mit roten Salbändern, welche Schlieren der schwarzen Gesteinsmasse enthalten. Das Vorkommen wurde von Herrn Dr. Chelius einer mikroskopischen Untersuchung unterzogen. Nach seiner Mitteilung erscheint das rote Gestein einem Aplit nicht unähnlich, während das schwarze Diorit- und Gabbro-Ganggesteinen gleicht, welche am Melibokus und Frankenstein vorkommen.

Die Mineralien.

Von früheren Arbeiten, welche sich mit einer Beschreibung der im Marmor von Auerbach und seinen Nebenbildungen vorkommenden Mineralien befassen, ist vor allem nochmals die Arbeit von C. W. C. Fuchs zu nennen, in welcher etwa 20 Mineralien beschrieben werden. Kurze Notizen finden sich in „Die Mineralvorkommen im körnigen Kalke von Auerbach an der Bergstrasse" von W. Harres[1]) und in einem Nachtrage[2]) hierzu. Ferner sind, wie schon eingangs erwähnt wurde, noch mehrere Beschreibungen einzelner Mineralien vorhanden. Tehlhatchef beschränkt sich darauf, eine tabellarische Uebersicht zu geben. Als neu sind den hierin aufgeführten Mineralien folgende hinzuzufügen:

Gold, Kupfer, Safflorit?, Silberglanz und Bolus.

Einige der vorkommenden Mineralien sind nur durch das Mikroskop nachgewiesen, andere sind von untergeordneter Bedeutung. Die interessanten und makroskopisch sichtbaren sollen im nachfolgenden beschrieben werden.

---

[1]) Notizblatt des Vereins für Erdkunde zu Darmstadt und des mittelrheinischen geologischen Vereins, 1881, IV (III), 13, pag. 9 ff.

[2]) Notizblatt etc., 1882, IV (III), 15, pag. 8 ff.

Als Material haben die Sammlungen der Herrn Dr. W. Hoffmann in Auerbach und W. Harres in Darmstadt gedient. Ausserdem waren vielfach Beobachtungen an Ort und Stelle möglich. Bezüglich des Fundortes sei noch bemerkt, dass die Marmorlager in der Rossbach und auf der Bangertshöhe samt ausschliesslich die Mineralien geliefert haben. Von den beiden anderen Vorkommen sind ihrer schlechten Aufschlüsse wegen mir nur wenige bekannt geworden. Wo ein Mineral auf eine Lokalität beschränkt auftritt, soll dies angegeben werden.

1. Graphit.

Sein Auftreten in dem schwarzgrauen Marmor, sowie in den dunklen Bändern ist schon erwähnt. Auch die blaue Varietät führt Graphit. Der Durchmesser der mit blossem Auge erkennbaren Täfelchen beträgt bis zu 2 mm. Auf der Bangertshöhe fand sich Graphit in blättrigen Massen mit sieriger Oberfläche, aufgewachsen auf Kalkspatkrystallen.

2. Arsen (Bangertshöhe).

Arsen trat als Ueberzug von Marmor auf.

3. Gold (Bangertshöhe).

Dieses fand sich in kleinen Körnchen im Marmor eingesprengt.

4. Silber (Rossbach).

Gediegenes Silber kam nur einmal in kleinen drahtförmigen Gebilden in dem Marmor vor.

5. Kupfer (Rossbach).

Auch dieses ist selten. Es wurde einmal als feiner Draht im Marmor gefunden und erscheint ausserdem in winzigen hellglänzenden Kryställchen in Doppelspat eingeschlossen. Auch die in diesem vorkommenden Dendriten dürften zum Teil aus gediegenem Kupfer bestehen.

6. Schwefelkies.

Derselbe tritt in derben Massen und kleinen Krystallen im Marmor, in den Einlagerungen und Kontaktbildungen auf. Im Marmor reichert er sich besonders in den schwarzen Bändern an. Bis jetzt sind folgende Krystallformen bekannt:

1) Hexaeder.
2) Hexaeder mit dem Oktaeder.
3) Pyritoeder.
4) Oktaeder.

5) Hexaeder und Pyritoeder.

6) Hexaeder, Oktaeder und Pyritoeder, und

7) diese mit einem Trapezoeder.

7. Arsenkies.

Der Arsenkies kommt meist in deutlichen Krystallen, seltener in körnigen Aggregaten im Marmor in der Nähe des Salbandes, sowie in den Einlagerungen und Kontaktbildungen vor. Für die Krystalle hat Nagel[1]) drei Typen aufgestellt. Die gewöhnlichste Form (Typus 1) ist: $\infty P . \tfrac{1}{2} P \infty$. Zuweilen tritt hierzu noch $P \infty$. Die Krystalle sind vorzugsweise in der Richtung der Querachse ausgebildet und häufig nach der Quersäule verzwillingt. Auf der Längssäule zeigt sich parallel der Längsaxe eine ausgezeichnete Streifung, welche durch Alterniren der Flächen und $\tfrac{1}{2} P \infty$ und $\tfrac{1}{2} P \infty$ hervorgerufen wird.

Die Krystalle des II. Typus, welche nur in einer einzigen Stufe vertreten sind, sind in der Richtung der Hauptaxe in die Länge gezogen. Ausser der vorherrschenden aufrechten Säule erscheinen: $\tfrac{1}{2} P \infty$, $\tfrac{1}{2} P \infty$?, $P \infty$, $2 P \infty$, $P x$, $P 2$. Die aufrechte Säule ist federartig gestreift parallel den Kombinationskanten von $P \infty$ mit ∞P und von $P x$ mit ∞P. Die Krystalle sind nicht wie sonst nach ∞P, sondern nach $O P$ spaltbar.

Der Typus III ist nur an einem Krystall beobachtet worden. Derselbe bildet einen Durchkreuzungs-Drilling und zeigt die Flächen: $\tfrac{1}{2} P \infty$, $P x$ und ∞P. Die Einzelindividuen sind besonders in der Richtung der Längsaxe entwickelt.

8. Speiskobalt (Bangertshöhe).

Derselbe fand sich in derben Schnürchen und kleinen Krystallen von der Form $\infty O \infty . O$ im Marmor.

9. Safflorit (Bangertshöhe).

Safflorit soll nach der Angabe des Herrn Harreu in dünnen Schnüren und winzigen Krystallen im Marmor vorkommen. Möglicher Weise jedoch liegt hier eine Verwechslung mit dem regulären Speiskobalt vor.

10. Magnetkies.

Der Magnetkies ist ein ziemlich häufiges Mineral. Er erscheint meist in derben Massen im Marmor und in den Einlagerungen. Vielfach trifft man

---

[1]) O. Nagel. Die Arsenkiese von Auerbach. Bericht der oberrheinischen Gesellschaft für Natur- und Heilkunde in Bonn, 1893, XXII, pag. 297.

ihn auch in dünnen Täfelchen von undeutlich hexagonalen Habitus. Ausgebildete Krystalle sind selten. Sie zeigen die Basisfläche, eine sechsseitige Säule und ausserdem zuweilen noch eine sechsseitige Pyramide von derselben Ordnung wie die Säule. Als Begleiter des Magnetkieses treten Schwefelkies, Arsenkies und Kupferkies auf.

11. Zinkblende.

Die Zinkblende kommt selten vor. Sie findet sich in dem Marmor in dünnen, gelben bis bräunlichbroten, durchscheinenden Blättchen und kleinen Krystallen. Letztere sind von dem Granatoeder begrenzt und nach der Oktaederfläche verzwillingt.

12. Bleiglanz.

Auch der Bleiglanz ist nicht häufig. Man findet ihn in derben Partieen und kleinen Krystallen zuweilen mit Zinkblende in dem Marmor. Die Krystalle zeigen meist das Hexaeder, oder dieses vorherrschend mit untergeordnetem Oktaeder. Hie und da erscheint auch die Kombination $\infty O \infty . O . \infty O$. In Interessanter Weise trat der Bleiglanz vor ca. 2 Jahren auf der II. Sohle des Hauptlagers auf. Dort durchzog er, hie und da mit Zinkblende und Schwefelkies gemengt, in einem etwa 1 cm mächtigen, von zahlreichen Nebentrümmchen begleiteten Gängchen den Marmor. Er war meist fein eingesprengt und fand sich nur hie und da in grösseren derben Partieen. Der Marmor hatte an den Salbändern des Gängchens eine eigentümlich gelbe Farbe angenommen.

13. Silberglanz (Rangershöhe).

Silberglanz kam einmal in winzigen Blättchen im Marmor vor.

14. Kupferglanz (Rangershöhe).

Dünne rhombische Täfelchen von Kupferglanz wurden, begleitet von Kupferkies, im Marmor gefunden.

15. Molybdänglanz.

Der Molybdänglanz ist nicht gerade selten. Er bildet kleine blättrige Massen und deutliche Krystalle von sechsseitigem Umriss und bis 8 mm Durchmesser. Man trifft ihn eingewachsen im Marmor und im Granatfels. Im Besitze des Herrn Harres befindet sich ein Krystall, der sehr deutlich die glänzenden Flächen der Basis und einer sechsseitigen Pyramide zeigt und sich sehr gut zu Messungen mit dem Reflexionsgoniometer eignen dürfte.

16. Kupferkies.

Derselbe erscheint in derben Massen und kleinen Krystallen im Marmor. Zu erwähnen ist besonders sein Vorkommen im Ausgehenden des hangenden Trummes. Der Marmor ist hier stark eisenhaltig, rotbraun gefärbt und führt vielfach Eisenglanz, sowie derbe Partieen von Kupferkies, Buntkupfererz, Malachit und Brauneisenerz. Das Auftreten der Lagerstätte an dieser Stelle erinnert lebhaft an den eisernen Hut der Erzgänge. Kupferkies-Krystalle finden sich ausserdem zuweilen als Einschlüsse im Doppelspat.

17. Roteisenerz, Eisenglanz.

Von Fuchs[1]) wird Roteisenerz in derben Massen und in Skalenoedern, Pseudomorphosen nach Kalkspat bildend, erwähnt.

Die Varietät des Eisenglanzes im Ausgehenden des hangenden Trummes bildet stahlgraue körnige Aggregate.

Eisenrahm tritt als Ueberzug von Kalkspatkrystallen, sowie als Einschluss in denselben auf.

18. Fahlerz (Rossbach).

Fahlerz erscheint nach Fuchs[2]) in lichtstahlgrauen Massen in Malachit oder Kupferlasur eingeschlossen.

19. Quarz.

Partieen von derbem Quarz begleiten, wie erwähnt, sehr häufig den Epidot- und Granatfels. Ausserdem finden sich Quarz-Krystalle von der gewöhnlichen Form: $+ R. - R. \infty R$ zuweilen auf spätigem und körnigem Kalk.

20. Zirkon (Bangertshöhe).

Ein rötlichgrauer kleiner Zirkon-Krystall mit den Flächen einer vierseitigen Säule und eines Oktaeders derselben Ordnung kam in einer Einlagerung vor.

21. Magneteisen (Rossbach).

Der Stollen der Vordergrube durchfuhr nach Ludwig[3]) eine stark magneteisenhaltige, dem Gneiss eingelagerte Marmorlinse.

22. Wad (Bangertshöhe).

Erdige, dunkelbraune Massen von Wad fanden sich in Klüften einer manganreichen Zone im Marmor.

[1]) pag. 33.
[2]) pag. 31.
[3]) Erläuterungen zur geologischen Specialkarte des Grossherzogthums Hessen, Section Worms, pag. 11.

23. Brauneisen.

Das im Ausgehenden des hangenden Trumms vorkommende Brauneisenerz bildet erdige Partieen von gelbbrauner Farbe. Im Doppelspat erscheint es in Deodriten, sowie als dünner Ueberzug überwachsener Krystallflächen. Auch als Pseudomorphose nach Schwefelkies tritt Brauneisen hin und wieder auf.

24. Kalkspat.

Derselbe findet sich allenthalben in Drusen und auf Klüften des Marmors in meist sehr gut ausgebildeten Krystallen und spätigen Massen. Die grössten und schönsten Krystalle kommen in der Vordergrube und im hangenden Trumm der Hauptgrube vor. Sie bilden daselbst Gruppen in grossen Schloten, welche in senkrechter Richtung den Marmor durchziehen. Im hangenden Trumm ist ein solcher Schlot vom Ausgehenden bis hinab zur Abbaustrecke der I. Sohle zu verfolgen.

Die Krystallbegrenzung ist eine mannigfaltige. Das Grundrhomboeder als einfache Form tritt nur selten auf. Häufiger erscheint es in Kombination mit der Gradendfläche oder es stumpft die Kanten von — 2 R gerade ab. Dieses Rhomboeder für sich allein ist vielfach vertreten. Meist erhalten seine Kanten durch die angedeuteten Flächen eines Skalenoeders ein sägeförmiges Aussehen. Sehr oft findet sich das nächste stumpfere Rhomboeder — ½ R gewöhnlich kombiniert mit einem steileren Rhomboeder derselben Ordnung oder der sechsseitigen Säule I. oder II. Stellung. Von Skalenoedern ist besonders R 3 zu nennen, sowohl allein, als auch in Kombination mit anderen Flächen. Häufig sind die Kombinationen: + R . R 3 und O R . + R . R 3. Ferner erscheint vielfach --2 R 2 in der Endkanten-Zone von — 2 R und mit federartiger Streifung, welche durch Wiederholung der Kombinationskanten beider Formen hervorgerufen wird. An einigen Stufen wurden unter der gütigen Leitung des Herrn Dr. Scheibe Messungen mit dem Anlegegoniometer vorgenommen. Es ergaben sich folgende Kombinationen:

1) O R . + R . R 3 . ½ R und ein steileres Skalenoeder I. Ordnung.
2) + R . R 3 . ½ R, sowie ein R 3 nahestehendes Skalenoeder.
3) O R . + R . R 3 . ½ R und — ¼ R?
4) O R . + R . R 3 . ½ R.
5) — 2 R . — 2 R 2 mit — ½ R 3, die Kanten von — 2 R zuschärfend auf ll 3, die von — 2 R 2 zuschärfend.
6) — 2 R . 2 R 2 . — ½ ll 3.

144

7) — 2 R. — 2 R 2 und + R, die Kanten von — 2 R gerade abstumpfend.

8) + R, eine 2 R 3 nahestehende Form, ferner in der Endkantenzone des Grundrhomboeders, ein wenig von ihm abweichendes Skalenoeder, wahrscheinlich ½ R ⅔. Die Messung des spitzen Winkels in den Endkanten dieses Skalenoeders ergab 122°, während für ½ R ⅔ dieser Winkel[1]) 122° 37' beträgt.

9) + R. R 3 und 2 R 3?

10) + R. R 3. 2 R 3 und + 4 R, als gerade Abstumpfung der stumpfen Endkanten von 2 R 3.

11) — ½ R. — 2 R, ferner ein steileres Rhomboeder und ein Skalenoeder von derselben (—) Ordnung, wie die ersten Formen.

12) — ½ R, ein steiles Skalenoeder derselben Ordnung, sowie die aufrechte Säule I. Stellung.

13) — ½ R und die aufrechten Säulen I. und II. Stellung.

Die Bestimmung des mehrfach erwähnten Rhomboeders ½ R ergab sich aus der Thatsache, dass es die stumpfen Endkanten von R 3 gerade abstumpft. Die Neigung von ½ R gegen das Grundrhomboeder beträgt 156° 42'), dagegen fand sich bei der Messung ein Winkel von 148°. Derselbe weist aber auf 4 R hin, da er dem Winkel von 148° 54', den dieses Rhomboeder mit + R in Wahrheit bildet, am nächsten kommt. Eine Erklärung für diese eigentümlichen Verhältnisse wäre vielleicht darin zu suchen, dass das Skalenoeder nicht das angegebene Symbol, sondern ein diesem sehr nahestehendes komplizierteres besitzt. Die Winkel des Skalenoeders waren zwar die von R 3, seine Flächen sollen aber in der Endkanten-Zone des Grundrhomboeders liegen. Dieses war jedoch nicht vollständig der Fall, da die Endkanten des Grundrhomboeders und die Kombinationskanten desselben mit dem Skalenoeder nur annähernd parallel waren. Leider war bei der Rauheit der Krystallflächen eine hinreichende Genauigkeit der Messungen nicht zu erreichen. Es liess sich daher nicht entscheiden, ob die gefundenen Abweichungen gesetzmässige waren, oder ob sie nur von einem unregelmässigen Wachstume herrührten. Da im allgemeinen die einfachen Formen die grösste Wahrscheinlichkeit für sich haben, so wurde für das Skalenoeder das Symbol R 3 und daraus sich ergebend, für das Rhomboeder das Symbol ½ R angenommen.

---

[1]) Siehe Zippe, Uebersicht der Krystallgestalten des rhomboedrischen Kalkhaloids, pag. 145.

[2]) Siehe Zippe, pag. 156.

Die Dimensionen der Krystalle sind zuweilen geradezu riesige. So wurde beispielsweise aus einer der erwähnten Schlote des hangenden Trumms ein Krystall von der Kombination $+ R . R 3$ zu Tage gefördert, der eine Höhe von 40 cm und einen ebenso grossen Durchmesser hatte. Koop[1]) erwähnt Skalenoeder von 1 Fuss Länge und 1—4 Fuss Dicke.

Häufig erscheinen Zwillinge nach der Basisfläche, sowohl von ausgebildeten Krystallen als auch von Spaltungsstücken. Unter den ersteren finden sich zuweilen die bekannten Skalenoeder-Zwillinge mit einspringenden Winkeln in der Ebene der Nebenaxen. An Spaltungsstücken ergiebt die Zwillingsverwachsung nach der Basisfläche meist die bekannte trigonoedrische Gestalt. Nicht selten ragen auch kleinere Spaltungsindividuen aus den Flächen eines grösseren heraus, zu dem sie sich in Zwillingsstellung befinden, oder es ist ein Individuum als Zwillingslamelle eingelagert. Diese Zwillingslamellen nach der Basisfläche besitzen gewöhnlich die Dicke von mehreren mm und kommen immer nur vereinzelt vor.

In vielfacher Wiederholung und fast an jedem Krystall oder Spaltungsstück treten Zwillingslamellen nach dem nächsten stumpferen Rhomboeder $- \frac{1}{2} R$ auf. Sie sind oft in allen drei Richtungen eingewachsen und lassen dann häufig Kanäle zwischen sich offen. Diese sind zuweilen mit einer bräunlichen, wohl eisenhaltigen Substanz erfüllt. Ausgebildete Krystalle nach $- \frac{1}{2} R$ verzwillingt werden niemals, Spaltungsstücke nur selten aufgefunden.

Der Kalkspat ist meist milchweiss, oft auch durch Beimengung von Eisen gelb oder rötlich gefärbt. Sehr häufig ist das Eisen erst nachträglich auf Rissen und Spaltflächen eingewandert, so dass das Mineral vielfach von roten Adern durchzogen ist. Mitunter kommt auch die wasserhelle Varietät des Kalkspats, der Doppelspat vor. Er tritt besonders in den grossen Krystallen der Schlote auf und steht bezüglich der Durchsichtigkeit dem isländischen Doppelspat wenig nach. Das Material wurde vor einiger Zeit der Physikalisch-Technischen Reichsanstalt in Charlottenburg zur Begutachtung und Prüfung auf seine optische Brauchbarkeit übergeben. Ein endgültiges Urteil ist noch nicht gefällt. Jedoch liess sich bis jetzt feststellen, dass die Verwendbarkeit des Doppelspates für die feinsten optischen Zwecke kaum wahrscheinlich ist, dass derselbe aber für einfachere Instrumente vollständig genügen dürfte. Fast alle bei Gelegenheit vorliegender Arbeit

[1] A. Koop. Ueber einige histologisch merkwürdige Erscheinungen an Ganggesteinen aus dem Hochstädter Thale, insbesondere über die sogenannten Perimorphosen von Epidot und Calcit nach Granat. N. J. 1894 pag. 33 ff.

untersuchten Doppelspat-Spaltungsstücke enthielten Hohlräume, die von einer
Flüssigkeit mit deutlich sichtbarer Libelle ausgefüllt waren. Die Beweglich-
keit der Libellen war keine grosse; beim Umdrehen eines Spaltungsstückes
war oft ein starkes Schütteln nötig, bis sie sich nach den höchsten Punkten
der Hohlräume bewegten. Trotz einer Erhitzung auf ca. 50° C. verschwanden
sie nicht. Es ist somit dargethan, dass die Einschlüsse nicht aus Kohlen-
säure bestehen, da der kritische Punkt dieser Verbindung schon bei 30° C.
liegt. Die Hohlräume hatten meist eine dem Grundrhomboeder parallele, zuweilen aber auch ganz unregelmässige Begrenzung. Die grössten, sowie die
Libellen in ihnen, waren bei genauer Beobachtung schon mit blossem Auge
zu erkennen, bei Zuhülfenahme der Lupe und des Mikroskops erschienen ganze
Schwärme. Sehr häufig waren sie parallel den Spaltflächen angeordnet.

Die Mineraleinschlüsse des Doppelspats wurden zum Teil schon erwähnt.
Sie bestehen aus Eisenglanz, Brauneisenerz, Kupferkies, Malachit oder gediegenem Kupfer und sind fast ausnahmslos nach bestimmten Flächen eingelagert. Es sind dies wohl ehemalige Krystallflächen; die genannten Mineralien
krystallisierten auf ihnen aus, als Pausen im Wachstum der Kalkspat-Krystalle
eintraten, und wurden dann später wieder überwachsen.

Dass derartige Unterbrechungen der Krystallbildung vorkommen, beweisen
die Ueberwachsungen verschiedener Krystallformen mit paralleler Orientirung
der Axen. Ein der Arbeit als Belegstück beigefügter Krystall, der von dem
Grundrhomboeder begrenzt war, trug eine Umhüllung, an der sich ausser
+ R auch noch die Basisfläche ausgebildet fand. Eine andere Stufe zeigte
einen Krystall von der Kombination + R . O R, überwachsen von dem schalig
aufgebauten nächsten stumpferen Rhomboeder — ¼ R. In der Sammlung des
Herrn Harres befindet sich ein Skalenoeder, das von dem Grundrhomboeder
umgeben ist.

Auch an anderen eigentümlichen Wachstumserscheinungen fehlt es nicht.
Bei schon erwähnten Krystallen, deren Begrenzung vorzugsweise von + R
und R 3 gebildet wurde, erhob sich auf der Basisfläche, stufenartig abgesetzt, eine Weiterwachsung des Grundrhomboeders.

Hie und da erscheint das Grundrhomboeder aus Subindividuen aufgebaut.

Manche Krystalle zeigen ein zonares Wachstum. Die einzelnen Zonen
unterscheiden sich durch grösseren oder geringeren Eisengehalt und den da-
durch hervorgerufenen Wechsel in der Farbe.

Gewöhnlich sind die Krystalle regellos aneinander gereiht; hie und da
findet man sie auch rosettenförmig oder traubig verwachsen. Zuweilen sitzen

mehrere Generationen, sei es von derselben oder von verschiedener Form,
aufeinander.

Die Flächen der kleineren Krystalle sind meist glatt, die der grösseren
gewöhnlich rauh. Bei näherem Zusehen erkennt man, dass diese Rauheit von
zahlreichen Höckerchen herrührt, die parallel orientiert und regelmässig begrenzt
sind. Auf den glatten Flächen von Krystallen der Kombination $-2\,R.-2\,R\,2$
fanden sich vereinzelte Höcker, welche grosse Aehnlichkeit mit Aetzhügeln
zeigten. Sie waren ebenfalls parallel orientiert, ihre Begrenzung war die der
Krystalle selbst. Es ist wohl anzunehmen, dass alle diese Bildungen auf ein
unregelmässiges Wachstum zurückzuführen sind.

Viele Krystalle haben einen Ueberzug von Eisenrahm oder einer gelblichen dichten Masse. Letztere verwischt vielfach die regelmässige Begrenzung, lässt sich leicht ablösen und zeigt dann im Innern den Abdruck der
Krystallflächen. Man hatte bisher immer angenommen, die gelbe Rinde be-
stehe aus Eisenspat und rühre von einer beginnenden Umwandlung des Kalkspats her. Nachfolgende von der Grossh. chem. Prüfungs- und Auskunftsstation
für die Gewerbe in Darmstadt für die vorliegende Arbeit ausgeführte Analyse
ergab jedoch, dass sie nichts anderes als ein eisenhaltiger Kalkspat ist und
wohl auch als die Folge eines zonaren Aufbaus aufgefasst werden muss:

Unlösl. Rückstand 0,48
Fe_2O_3 2,37
FeO 0,31
CaO 53,04
CO_2 42,43

    98,63

Eine immer wiederkehrende Erscheinung sind Spuren auflösender Thätigkeit. Vielfach sind die scharfen Kanten der Krystalle abgerundet, oder es
finden sich in den Flächen unregelmässige Vertiefungen. Am ersten scheinen
die Zwillingslamellen nach $-\frac12 R$ der Auflösung zu verfallen, denn an ihrer
Stelle treten oft tiefe Rinnen auf.

Schliesslich seien noch Neubildungen von Kalksinter erwähnt, welche
in der früher beschriebenen grossen Höhle des Hauptlagers vorkamen. Es
waren stalaktitenähnliche Gebilde von traubiger Oberfläche.

25. Dolomit.

Eine Stufe des Grossherzoglichen Museums zu Darmstadt zeigt Dolomit-
Krystalle mit den Flächen des Grundrhomboeders, aufgewachsen auf Marmor.

26. Ankerit (Rossbach).

Ankerit trat in kleinen Rhomboederchen auf Kalkspat auf.

27. Arragonit (Rossbach).

Spiessige Kryställchen von Arragonit kamen einmal in einer Kluft des Marmors vor.

28. Malachit.

Sein Vorkommen im Ausgehenden des hangenden Trumms wurde schon erwähnt. Dort bildet er fasrige Aggregate von traubiger Oberfläche. Im Doppelspat eingeschlossen kommt Malachit meist als dünner Beschlag oder als Ueberzug von Kupferkies vor. Auf der Bangertshöhe fanden sich andeutliche Krystalle auf Kalkspat aufgewachsen.

29. Kupferlasur.

Kupferlasur erscheint hie und da als dünner Ueberzug und in tafelförmigen Kryställchen auf Marmor.

30. Schwerspat (Rossbach).

Derselbe gehört zu den Seltenheiten. Er kommt in hellrosafarbenen spätigen und strahligen Massen auf Marmor vor.

31. Kobaltblüte (Bangertshöhe).

Sie findet sich nicht selten auf dem Marmor der Bangertshöhe in erdigen Beschlägen und strahligen Krystallbüscheln mit Speiskobalt und schwarzem Erdkobalt. Die Krystalle zeigen zuweilen deutliche Flächen. Fuchs[1] führt folgende Kombination an: $\infty \check{P} \check{\infty} . \infty P \check{\infty} . \infty P . 0 P$.

32. Granat.

Derb als Granatfels tritt dieses Mineral, wie schon erwähnt, in den Einlagerungen und Kontaktbildungen auf.

Die Krystalle erscheinen meist in Drusen im Granatfels, seltener eingewachsen im Marmor. Unter den Krystallformen herrscht das Rhombendodekaeder vor, entweder allein auftretend, oder häufiger mit gerade abgestumpften Kanten durch Kombination mit dem Trapezoeder 2 0 2. Noch öfter gesellt zu diesen beiden Formen sich das Hexakisoktaeder 3 0 ⅓, die Kombinationskanten von ∞ O und 2 0 2 abstumpfend. 3 0 ⅓ kommt als einfache Form

---

[1] pag. 31.

nicht vor. Auch das Trapezoeder wurde für sich allein bisher nur an den Granaten des großen Pegmatitganges im Hangenden des südlichen Trumms beobachtet. Zuweilen erscheinen Pyramidenwürfel. Nach Moyat[1]) besitzen sie die Symbole ∞O | und $\infty O 2$. Sie treten gewöhnlich zusammen und in Kombination mit $\infty 0.202$ und $\infty 0.202.30$| auf, indem sie in schmalen Flächen die in den drei Hauptsymmetrieebenen gelegenen Kanten des Trapezoeders abstumpfen. Hessenberg[2]) beschreibt Auerbacher Granaten, die außer dem Pyramidenwürfel ∞O | nur noch Spuren des Trapezoeders zeigen. Bis jetzt bekannt sind folgende Kombinationen:

1) ∞O.
2) $\infty 0.202$.
3) $\infty 0.202.30$| . $\infty O 2$.
4) $\infty 0.202.30$| . $\infty O 2$.
5) $\infty 0.202.30$| . ∞O| . $\infty O 2$.

Die Mannigfaltigkeit in der Farbe ist ausserordentlich groß. Ein Bild hiervon möge die nachfolgende Zusammenstellung geben:

Weise Granaten.

1) Wasserhell und diamantglänzend,
2) Gelblichweiss,

Gelbe Granaten.

3) Hellweingelb,
4) Dunkelweingelb,
5) Topasgelb,
6) Isabellgelb,

Rote Granaten.

7) Rosafarben,
8) Gelblichrot,
9) Blutrot,

Braune Granaten.

10) Gelblichbraun,
11) Hellbraun,
12) Dunkelrotbraun bis schwarzbraun,
13) Kastanienbraun,

---

[1]) E. Moyat. Die Granaten von Auerbach an der Bergstrasse, Notizblatt des Vereins für Erdkunde zu Darmstadt und des mittelrheinischen Geologischen Vereins, IV. Heft 11.

[2]) Hessenberg. Granat von Auerbach an der Bergstrasse, Abhandlungen der Senkenbergischen Naturforschenden Gesellschaft (Frankfurt a. M.) 11. pag. 177 (1856—1858).

2*

Grüne Granaten.

14) Hellgrün,

15) Smaragdgrün,

16) Graugrün.

In der Pinge V kommen, eingewachsen in einer Bank verwitterten Marmors, Granaten vor, die unter dem Namen „verwitterte weisse Granaten" bekannt sind. Sie sind von den Flächen des Rhombendodekaeders begrenzt und zeigen unter einer weissen Rinde eine Zone von hellgrüner Farbe und darunter einen rötlichen Kern. Die Krystalle zerbrechen ausserordentlich leicht, da sie ebenso wie der Marmor stark zersetzt sind.

Moyat hat die chemische Zusammensetzung, sowie die spezifischen Gewichte von drei Granat-Varietäten ermittelt:

	I. Weisser Granat.	II. Hellroter Granat.	III. Dunkelroter Granat.
Spez. Gew.	5,539	3,562	8,702
Si O$_2$	40,18	40,03	37,50
Al$_2$ O$_3$	21,43	17,58	20,95
Fe$_2$ O$_3$	—	4,21	4,32
Fe O	1,95	0,86	3,46
Mn O	0,14	0,49	8,91
Ca O	36,31	35,61	25,95
Mg O	0,27	0,68	—
K$_2$ O	Spur	0,38	—
Na$_2$ O	Spur	0,29	—
	100,38	100,31	101,11

Er macht darauf aufmerksam, dass mit dem Gehalt an Eisen und Mangan spezifisches Gewicht und Intensität der Färbung zunehmen. Die Angabe der von Moyat bestimmten spezifischen Gewichte zweier anderen Granaten möge hier ebenfalls folgen:

IV. Heller Granat (fast weiss) 3,544

V. Hellgrüngelber Granat 3,555

Eine weitere Analyse, und zwar die eines weissen Kalktongranaten führt C. Klein[1] an:

[1] Mineralogische Mitteilungen, IX B. s. 1. 1883 N. J. I. pag. 109.

Si O$_2$	41.80
Mn O	0.16
Al$_2$ O$_3$	20.91
Ca O	33.48
Fe O	2.01
Mg O	0.82
Na$_2$ O	0.42
Glühverlust	0.38
	100,00

Auch die von Moyat analysierten Varietäten dürften als Kalkthongranaten zu bezeichnen sein, wenngleich sich III schon sehr dem gemeinen Granat nähert. Ebendahin werden die meisten der in der Farbenzusammenstellung aufgeführten Varietäten gehören. Nur die unter 12 und 13 genannten sind wohl den Kalkeisengranaten zuzuzählen.

Zwischen Farbe und Krystallform ist insofern eine Beziehung vorhanden, als im allgemeinen bei den dunkleren Varietäten die einfacheren und bei den helleren die komplizierteren Gestalten auftreten. Bei den braunen Granaten ist das Rhombendodekaeder als einfache Form eine häufige Erscheinung. Es findet sich selbständig ausserdem noch oft bei den gelbroten und topasgelben Granaten. Ebenso häufig erscheint jedoch bei diesen Varietäten die Kombination: $\infty O . 2 O 2 . 3 O \mid$. Letztere ist besonders den blutroten Granaten eigentümlich. Die flächenreichsten Krystalle kommen bei den weissen und weissgelben Granaten vor. Diese sind es vorzugsweise, an denen neben $\infty O, 2 O 2, 3 O \mid$ die beiden Pyramidenwürfel erscheinen. Die grössten Krystalle liefern die braunen Varietäten. Sie wurden von einem Durchmesser bis zu 5 cm aufgefunden. Die Krystalle der anderen Varietäten erreichen niemals diese Grösse, ihr Durchmesser bleibt meist unter 1 cm.

Bei den blutroten Granaten von der Kombination $\infty O . 2 O 2 . 3 O \mid$ findet zuweilen ein treppenförmiger Wechsel der schmalen Trapezoeder- und Hexakisoktaederflächen mit den Flächen des Rhombendodekaeders statt.

Die graugrüne Varietät zeichnet sich durch die Rauheit ihrer Flächen aus. Dieselben erscheinen wie angeätzt. Das Gleiche tritt zuweilen auch bei den hellbraunen Granaten auf.

Bemerkenswert sind die von Blum,[1] sowie von Fuchs[2] beschriebenen

[1] R. Blum, Die Pseudomorphosen des Mineralreiches, Nachträge II, pag. 11. 1852 —1852.
[2] pag. 32.

Pseudomorphosen von Epidot nach Granat. Nach Fuchs lassen sich dieselben in allen Stadien ihrer Entwicklung beobachten. Zuerst erscheint auf den Granaten eine Rinde von Epidot, dieselbe nimmt immer mehr zu, und das Endresultat ist eine poröse Epidot-Masse, die nur noch undeutlich die Formen der Granaten erkennen lässt. In vorzüglicher Weise zeigt diese Pseudomorphosen eine Stufe des Grossherzoglichen Museums in Darmstadt.

Eine weitere sehr interessante Erscheinung sind die sogenannten Perimorphosen von Kalkspat und Epidot nach Granat, welche in eingehender Weise von Knop[1]) untersucht und geschildert wurden. Es sind Krystalle, die äusserlich wie Granaten aussehen, jedoch bis auf eine dünne äussere Schale, die aus Granatsubstanz besteht, im Innern von Kalkspat oder Epidot erfüllt sind.

33. Axinit (Rossbach).

Derselbe ist bisher nur in einem einzigen im Besitze des Herrn Harres befindlichen Krystalle vertreten. Letzterer ist etwa 1 cm lang, von bräunlicher Farbe und mit Granat in Wollastonit eingewachsen.

34. Biotit.

Erwähnenswert sind hier grossblätterige Massen, die zuweilen in Einlagerungen der III. Gruppe Tchihatchefs und auf Marmor vorkommen.

35. Muscovit.

Muscovit tritt nach Fuchs[2]) hie und da als Pseudomorphose nach Epidot auf.

36. Talk (Rossbach).

Talk kommt sowohl mikroskopisch[3]) als auch makroskopisch sichtbar in glänzenden wasserhellen Blättchen in dem blauen Marmor vor. Er findet sich ausserdem in einer gneisartigen Grenzbildung am Hangenden des Hauptlagers. Hellglänzende schuppige Partieen von Talk durchziehen in Schnüren das Gestein. Daneben tritt ein dunkelgrünes weiches Mineral auf, das wohl als zersetzte Hornblende aufzufassen ist.

[1]) A. Knop. Ueber einige histologisch merkwürdige Erscheinungen etc. N. J. 1861 pag. 33.
[2]) pag. 33.
[3]) Siehe Tchihatchef pag. 11.

37. **Bolus** (Rossbach).

Derselbe erscheint, wie erwähnt, in Schnüren von brauner Farbe häufig in den Lettenklüften des Marmors.

38. **Wollastonit.**

Der Wollastonit der Einlagerungen und Kontaktbildungen bildet strahlige Massen von grünlichweisser, seltener blassroter Farbe. Er enthält als Einschlüsse stecknadelskopfgrosse grünliche Körner, die nach Knop[1] aus Diopsid bestehen. Tchihatchef[2] dagegen vermutet auf Grund seiner mikroskopischen und mikrochemischen Untersuchungen in ihnen Hedenbergit.

Glänzende farblose Wollastonit-Kryställchen von tafelförmiger Gestalt, und höchstens 2 mm lang, kommen zuweilen mit Vesuvian auf Marmor vor.

39. **Diopsid** (Rossbach).

Seibert[3] fand Diopsid in Begleitung von Turmalin auf Granatfels. Knop erwähnt die Kombination: $\infty P \check{c}b \, . \, \infty P \, . - P \, . \, P \, . \, 2 P \, . \, oP$.

40. **Kokkolith.**

Er erscheint als schmutziggrüner Ueberzug von Marmor. Nach Fuchs[4] tritt Kokkolith auch in körnigen Aggregaten in Granatfels eingewachsen auf.

41. **Rhodonit** (Rossbach).

Derbe rosafarbene Partieen von Rhodonit finden sich zuweilen in den Kontaktbildungen, sowie in gewissen Einlagerungen der III. Gruppe Tchihatchefs.

42. **Tremolit** (Bangertshöhe).

Tremolit kam mit Titanit, Magnetkies und Granat auf Marmor vor. Es waren hellgrüne, sowie bläulichgrüne, stenglige Aggregate.

43. **Asbest** (Rossbach).

Asbest trat in gewundenen, fasrigen Partieen von rötlichgelber Farbe in der früher erwähnten amphibolitartigen Einlagerung des hangenden Trummes[5]

---

[1] A. Knop. Ueber einige histologisch merkwürdige Erscheinungen etc. N. J. 1858, pag. 33.

[2] pag. 29.

[3] P. Seibert. Granulit und Basalt, sowie neue Mineralien in dem Salbändern des körnigen Kalkes im Odenwalde. Ergänzungsblätter des Neublattes des Vereins für Erdkunde zu Darmstadt und des mittelrheinischen geologischen Vereins, pag. 41.

[4] pag. 31.

[5] pag. 133.

auf. Die Uebereinstimmung in der Form mit der Hornblende des Gesteins lässt darauf schliessen, dass er aus dieser hervorgegangen ist.

44. Dergleder (Rossbach).

Gelbliche Lappen von Dergleder fanden sich als Auskleidung einer der grossen schlauchartigen Drusen des hangenden Trummes.

45. Strahlstein (Rossbach).

Derselbe wird von Seibert,[1] sowie von Harres[2] erwähnt. Nach diesen erscheint lauchgrüner Strahlstein in feinen Nadeln oder faserigen Aggregaten, zusammen mit Magnetkies oder Epidot im Marmor.

46. Beryll (Bangertshöhe).

Beryll in rötlichgrauen, undeutlich säulenförmigen Kryställchen kam auf Granulfels vor.

47. Albit (Bangertshöhe).

Kleine Albit-Krystalle fanden sich auf spätigem Kalk.

48. Skapolith (Rossbach).

Skapolith soll nach Seibert[3] am Salbande des Marmors der Hauptgrube in kleinen undurchsichtigen Krystallen von grünlichweisser Farbe und in körnigen gelblichweissen Partieen vorgekommen sein.

49. Topas (Bangertshöhe).

Topas fand Harres[4] in farblosen und gelblichen prismatischen Krystallen mit lebhaftem Glasganz und vertikaler Streifung im Marmor eingewachsen.

50. Titanit.

Der Titanit kommt, wie erwähnt, in dem Hornblendegranit des liegenden Zwischenmittels, sowie in manchen Einlagerungen vor. Er erscheint in bräunlichroten glasglänzenden Kryställchen und zeigt die bekannte Briefkouvertform.

51. Turmalin.

Im Marmor selbst tritt derselbe wohl nicht auf. Sein Vorkommen erstreckt sich hauptsächlich auf den Pegmatitgang im Hangenden des hangenden

---

[1] P. Seibert. Mineralien in der Section Erbach. Notizblatt des Vereins für Erdkunde und des mittelrheinischen geologischen Vereins. I. p. 47.
[2] W. Harres. Die Mineralvorkommen etc. Nachtrag p. 6.
[3] P. Seibert. Mineralien in der Section Erbach, p. 47.
[4] W. Harres. Die Mineralvorkommen etc., p. 7.

Trumms. Dort findet sich schwarzer Turmalin in derben Partieen oder säulenförmigen Krystallen. Der derbe Turmalin ist oft innig mit der Gesteinsmasse, besonders mit dem Quarze verwachsen. An den Krystallen fehlen meist die Endflächen. Ein Krystall zeigte ausnahmsweise neben der dreiseitigen Säule I. Ordnung und der sechsseitigen Säule II. Stellung an dem einen Ende das Grundrhomboeder (E. K. 133° 10') und an dem anderen das Grundrhomboeder mit dem nächsten schärferen Rhomboeder — 2 R. Fast alle Krystalle weisen senkrecht zur Hauptaxe verlaufende Brüche auf, welche meist wieder durch Gesteinsmasse verkittet sind. Nicht selten enthält das schwarze Mineral in paralleler Orientierung Einschlüsse von farblosen, rosafarbenen oder hellgrünen Turmalinen. Diese sind dünn nadelförmig, einige Millimeter lang und zuweilen an beiden Enden verschieden gefärbt. Hie und da ist auch Muscovit eingewachsen, vielleicht als Umbildungsprodukt des Turmalins.

52. Epidot.

Er erscheint meist derb als Epidotfels am Kontakt und in den Einlagerungen der I. Gruppe Tchihatchefs (granatfelsartige). Die hell- bis dunkelgrünen Massen sind vielfach mit Granatfels, seltener mit Quarz oder Feldspat verwachsen und besitzen körnige Struktur. Deutliche Krystalle sind selten. Sie werden von der vorderen und der hinteren Schiefendfläche, der Querfläche, sowie der aufrechten Säule begrenzt und sind in der Richtung der Queraxe in die Länge gezogen. Neben diesen mehr säulenförmigen Krystallen finden sich auch solche von tafelförmiger Gestalt. Dieselben werden mehrere Centimeter lang und breit, sind jedoch nur unvollkommen ausgebildet. Sie zeigen die beiden Schiefendflächen und die Querfläche. Rammelsberg [1]) führt nachfolgende Analyse von Auerbacher Epidot an:

$$SiO_2 \quad 41,59$$
$$Al_2O_3 \quad 23,04$$
$$Fe_2O_3 \quad 16,04$$
$$CaO \quad 18,68$$
$$MgO \quad 2,21$$
$$\overline{101,56}$$

53. Orthit (Rossbach).

Einen kleinen Orthit-Krystall von schwarzer Farbe und lebhaftem Glasglanz fand auch Harres,[2]) vom Rath eingebettet in Marmor.

[1]) C. Rammelsberg. Epidot von Auerbach. V. Supplement zu dem Handwörterbuche des chemischen Teils der Mineralogie. 1853.
[2]) W. Harres. Die Mineralvorkommen etc. pag. 12.

54. Vesuvian.

Der Vesuvian kommt in den Einlagerungen, den Kontaktbildungen und hie und da im Marmor vor. Er ist von grüner oder brauner Farbe und tritt in körnigen Aggregaten, sowie in deutlichen prismatischen Krystallen auf. Diese besitzen lebhaften Glasglanz und sind selten mehr als 1 cm lang. Die häufigste Kombination ist: Säule I und II Stellung, Oktaeder I und II Stellung und Basisfläche. Hie und da fehlen auch die Oktaeder, oder es tritt zu den genannten Flächen noch eine achtseitige Säule hinzu. Knop[1]) führt folgende Kombination an: ∞P.∞P∞.∞P2.∞P3.P.2P.0P. Fuchs[2]) erwähnt die Form: ∞P.∞P∞.P.P∞.0P.

55. Desmin.

Desmin findet sich in kleinen Krystallen am Hangenden des Marmorkörpers der Hauptgrube auf einer gneissartigen Grenzbildung und auf Wollastonitfels. Die Krystalle zeigen einen lebhaften Glasglanz und sind teils farblos, teils weiss und undurchsichtig. Gewöhnlich erscheint die Kombination: ∞P.∞P$\check{\infty}$.P$\check{\infty}$.0P.

Streng[3]) führt, die Krystalle als rhombische Einzelindividuen auffassend, folgende Kombination an: ∞P.∞P$\check{\alpha}$.∞P$\check{\alpha}$.P.0P. Geht man von der Thatsache aus, dass Durchkreuzungszwillinge von zwei monoklinen Individuen vorliegen, so gesellt sich zu den obengenannten Flächen noch P$\check{\infty}$. Auch auf der Hangertshöhe soll Desmin vorgekommen sein.

56. Apophyllit (Rossbach).

Der Apophyllit erscheint meist in Begleitung des vorigen Minerals in farblosen, zuweilen auch weissen und undurchsichtigen Krystallchen. Diese lassen deutlich die Säule II Stellung, die perlmutterglänzende Basis und als Abstumpfung der Ecken das Oktaeder I Stellung erkennen. Nach Streng,[4]) der den Apophyllit ebenfalls beschrieben hat, tritt auch untergeordnet die Säule I Stellung auf.

57. Prehnit.

Nach Fuchs[5]) soll sich Prehnit in blättrigen Massen von graugrüner Farbe auf Granat gefunden haben.

[1] A. Knop. Ueber einige histologisch merkwürdige Erscheinungen etc., N. J. 1876, pag. 321.
[2] pag. 29.
[3] A. Streng. Desmin bei Auerbach an der Bergstrasse, N. J. 1876, pag. 733.
[4] A. Streng. Ueber Granat und Apophyllit von Auerbach. N. J. 1875, pag. 321.
[5] pag. 31.

Die Entstehung des Marmors von Auerbach.

Vergleicht man den körnigen Marmor von Auerbach mit anderen Marmorvorkommen, so findet man, dass er mit diesen in seinem Auftreten eine gewisse Aehnlichkeit besitzt. Besonders ist dies bezüglich des Reichthums an accessorischen Mineralien und des Vorhandenseins von Kontaktbildungen der Fall. In mancher Beziehung wiederum zeigt der Marmor den meisten anderen Marmorvorkommen gegenüber ein abweichendes Verhalten. So fehlt bei ihm fast überall jene Regelmässigkeit in der Anordnung der Einlagerungen. Eine Schichtung ist nicht deutlich vorhanden. Ferner findet sich nur ganz vereinzelt Parallelstruktur, und auch diese ist nur mikroskopisch sichtbar. Weiterhin vermisst man die randliche Wechsellagerung von Marmor und Nebengestein, die doch vielfach bei den Marmorvorkommen auftritt.

Aeltere Autoren, wie z. B. K. C. von Leonhard,[1] haben den Auerbacher Marmor für eruptiv gehalten. Da man heute allgemein überzeugt ist, dass eine Bildung derartiger Marmorvorkommen auf feurigflüssigem Wege unmöglich ist, so kann hier von einer näheren Beleuchtung dieser Ansicht abgesehen werden.

Die herrschende Meinung, welche auch die der Herren Professor Dr. Lepsius und Dr. Chelius ist, geht dahin, den Marmor mit den Marmorsilikathornfelsen und die den Marmor umgebenden gneissartigen Gesteine als umgewandelte Glieder einer Sedimentreihe zu betrachten. Für eine sedimentäre Entstehung sprechen viele Thatsachen, so die Konkordanz der Lagerung, die parallel der Streichrichtung verlaufende Bänderung, sowie die in derselben Richtung auftretende Spaltbarkeit des Marmors. Auch die von Tchihatchef nachgewiesene Abrundung gewisser mikroskopischer Beimengungen scheint darauf hinzuweisen. Andrerseits stellen sich der Annahme einer sedimentären Entstehung manche Hindernisse in den Weg. Wie lässt sich z. B. das Vorhandensein der Hornfels- und Gneissbrocken in den liegenden Teilen des Marmorkörpers der Hauptgrube erklären, wenn man nicht gerade annimmt, dass dieselben bei Gebirgsbewegungen in den Marmor hineingepresst wurden. Für eine solche Annahme sind jedoch keine Anhaltspunkte vorhanden. Dagegen war unter Tage zu beobachten, wie die Graphitbänder des Marmors sich um einen solchen Brocken schmiegten, eine Erscheinung, die zu der

---

[1] K. C. von Leonhard. Geologie oder Naturgeschichte der Erde auf allgemein fassliche Weise abgehandelt. II. pag. 215. (1836).

168

Ansicht dringt, dass der Marmor später als die ihn umgebenden gneissartigen Gesteine entstanden ist. Ferner liegt bei Annahme einer sedimentären Bildung der Gedanke nahe, dass auch die beiden Zwischenmittel den östlichen Marmorkörpern der Rossbach eingelagerte Sedimente sind. Man hätte alsdann in der Fortsetzung der Zwischenmittel noch weitere Einlagerungen zu erwarten. Solche haben sich jedoch nicht gefunden. Dr. Chelius lässt Theile der Zwischenmittel als Apophysen der benachbarten Eruptivgesteine auf. Was das hangende Zwischenmittel anbelangt, so steht dieser Ansicht manches entgegen. Einmal wird dasselbe nach Osten und Westen von dem Marmor begrenzt, und ausserdem scheint nach den neuesten Aufschlüssen auf der II. Sohle des Hauptlagers das Mittel sich auch nach unten auszukeilen. Auf die Thatsache, dass alle das Nebengestein des körnigen Marmors durchsetzenden Aplit- und Pegmatitgänge an den Vorkommen abzustossen scheinen, sei hier nochmals hingewiesen. Es scheint der Marmor diese Gangbildungen zu unterbrechen. In der That war nirgends mit Sicherheit die Identität zweier am Liegenden und Hangenden absetzender Ganggesteine festzustellen. So wurden am Liegenden der Pinge III zur Klärung dieser Frage Aufdeckarbeiten unternommen. Dieselben ergaben jedoch kein befriedigendes Resultat, da Marmor und Nebengestein an dieser Stelle stark verwittert waren. Es fand sich zwar ein pegmatitisches Gestein mit Schriftgranit-Struktur, das mit dem des betreffenden Ganges grosse Aehnlichkeit zeigte, von einem gangartigen Auftreten desselben war jedoch nichts zu bemerken.

Wenn auch alle diese Thatsachen die sedimentäre Entstehung des Marmors nicht als unmöglich erscheinen lassen, so ergiebt sich doch hieraus die Berechtigung anderer Auffassungen. Koop, Fuchs und neuerdings Bauer[1]) betrachten die Auerbacher Vorkommen als Spaltenausfüllungen, entstanden durch Absatz des Marmors aus wässriger Lösung. Es ist nicht zu bestreiten, dass gar manches auf eine solche Entstehung hinweist. Besonders sei hier an die pag. 131 beschriebenen Breccien des hangenden Trumms erinnert, in denen Gneiss- und Aplitbrocken von gangförmig ausgeschiedenem Kalkspat umhüllt werden. Andererseits wird wohl die aufgerichtete Lage des Marmors viel zu dieser Anschauung beigetragen haben.

Andere wollen annehmen, dass das heutige Nebengestein der Marmorvorkommen von stark kohlensäure- und kalkhaltigen Wassern zersetzt und an seiner Stelle der Marmor abgelagert worden sei. Es wären alsdann die

---

[1]) M. Bauer. Lehrbuch der Mineralogie, 1886, pag. 355.

Einlagerungen die Ueberreste des Nebengesteins, teils in ursprünglicher Form, teils neugebildet aus den chemischen Bestandteilen desselben. Auch finde hierbei die eigentümliche Thatsache, dass das Nebengestein am Kontakt fast ohne Ausnahme stark verwittert ist, eine Erklärung.

Auch die beiden letztgenannten Auffassungen über die Entstehung des Marmors verlangen eine nachträgliche Umbildung desselben, da die Abscheidung von Marmor aus wässriger Lösung wohl bisher noch nicht beobachtet worden ist.

Wir sehen somit, dass eine endgültige Lösung der Frage nach dem Ursprunge des Marmors von Auerbach vorläufig noch nicht möglich ist, da keiner der erläuterten Ansichten eine gewisse Berechtigung zu versagen ist.

Das Marmorbergwerk Auerbach in technischer Beziehung.

Wie erwähnt, ist die Vordergrube schon seit einer längeren Reihe von Jahren ausser Betrieb, wir haben uns deshalb hier auf die Hauptgrube zu beschränken. Von einer Beschreibung der Grubenbaue ist abzusehen, da dieselbe schon oben erfolgt ist.

Der Abbau geschieht mittelst Strossenbau ohne Bergversatz. Die Abbauhöhe jeder der beiden Sohlen beträgt 13 m.

Das Gestein wird in seiner ganzen Mächtigkeit treppenförmig abgebaut, wobei auf der I. Sohle an der Firste eine 2 m hohe Strecke vorangetrieben wurde. Auf der II. Sohle fällt dieselbe weg, da hier der Abbau in der Weise erfolgt, dass die Abbaustrecke der I. Sohle um 12 m vertieft wird. Als Sprengmaterial gelangt Pulver, in vereinzelten Fällen Dynamit zur Verwendung. Das Bohren geschieht mit dem Meiselbohrer, einmännisch bei kleineren Löchern, zweimännisch bei tieferen. Sollen grössere Blöcke gewonnen werden, so bedient man sich der Keilarbeit. Ein Ausbau der Grubenräume ist bei der Festigkeit des Gebirges im allgemeinen entbehrlich. An der mächtigsten Stelle des Hauptlagers hat man zur Unterstützung der Firste zwei Pfeiler[1]) von 4 resp. 10 m Durchmesser stehen lassen. Nur ausnahmsweise ist ein Ausbau notwendig geworden: Die Abbaustrecke des hangenden Trumms musste an jener Stelle, wo Marmorblöcke in verwittertem Granit eingebettet liegen in einer Länge von 10 m mit Thürstockzimmerung versehen werden. Ausser-

---

[1]) Siehe Taf. I.

dem wurden in der Abbaustrecke der I. Sohle des Hauptlagers zum Schutze der Streckenstösse zweimal bis 4 m dicke Mauern[1]) aufgeführt, das eine Mal im Hangenden, an der Stelle, wo der Minette-Gang einen Tagesbruch veranlasst hatte, das andere Mal im Liegenden an einer Stelle, wo das Nebengestein in gefahrdrohender Weise verwittert war.

Einrichtungen zur Wasserhaltung fallen gänzlich fort, da die Gruben-räume noch über der Thalsohle (Hochstädter Thal) liegen und der nicht uner-hebliche Wasserzufluss in den zahlreichen Höhlen und Klüften verschwindet. Zur Wetterversorgung dient der 35 m tiefe Wetterschacht, dessen Hänge-bank 20 m über der den Schleppschachtes liegt. Die Entfernung vom Wetter-schachte bis vor Ort der Abbaustrecke der I. Sohle des Hauptlagers beträgt etwa 100 m, so dass also ein grosser Teil der Grube keine direkte Wetter-zuführung erhält. Trotzdem lassen an keiner Stelle die Wetter zu wünschen übrig. Es ist dies einerseits dem Umstande zuzuschreiben, dass bei dem grossen Querschnitte der Grubenbaue eine Erneuerung der Wetter in reich-lichem Masse durch Diffusion geschehen kann. Andrerseits wird aber auch der Wetterzug eine saugende Wirkung auf die Wetter der nicht direkt venti-lierten Grubenräume ausüben.

Zur Förderung dienen in gewöhnlichen Fällen Wagen mit hölzernem Gestelle und eisernem Kasten. Das Gewicht der Wagen beträgt 300 kg, ihr Ladegewicht 750 kg. Zum Transport von grösseren Blöcken werden niedrige Rollwagen benutzt. Mittels Vorgelegehaspel, von denen je einer an den beiden Förderbergen und an der Hängebank des Schleppschachtes steht, wird das Gestein zu Tage gefördert. Zum Betriebe der Haspel sind je 2 bis 4 Mann erforderlich. Seitdem der Abbau der II. Sohle begonnen hat, ist die Förderung mit Menschenkraft unrentabel geworden. Es wird daher die Aufstellung einer Fördermaschine geplant. Die jährliche Fördermenge beträgt 4500 T.

. Die geringere Qualität des Fördergutes wird gebrannt und findet alsdann zu chemischen Zwecken, sowie als Maurer-, Tüncher-, und Düngerkalk Ver-wendung. Das reinste Material wird gemahlen und als „Marmormehl" an chemische und Mineralwasser-Fabriken abgesetzt. Ein grosser Teil des Mar-mors geht roh, in Stücken in den Handel und wird in der chemischen und keramischen Industrie vielfach benutzt. Ausserdem liefert die Grube Marmor-blöcke zu monumentalen Zwecken, ferner Einfassungssteine für Gärten und Friedhöfe, sowie Grenzsteine.

---

[1]) Siehe Taf. I. Fig. 1.

Der Kalk wird in 4 runden Schachtöfen von je 5 m Höhe und 2 m Durchmesser gebrannt. Der Brand geschieht diskontinuirlich mit eingeschichtetem Brennmaterial und dauert 5 Tage. Als Brennmaterial gelangt Koks zur Verwendung. Die Beschickung besteht aus 18 T. Kalkstein und 3 T. Brennmaterial. Der Verbrauch an Brennstoff beträgt in Gewichtsprozenten ausgedrückt: Auf das Rohmaterial bezogen 17% und auf das fertige Produkt bezogen 30%.

Die Fabrikation des Marmormehles erfolgt in 2 Mühlen. Die Betriebskraft bildet je ein Wasserrad von 9 m Durchmesser und 3 Pferdestärken. In der einen Mühle ist ausserdem für gesteigerte Anforderungen noch eine 12pferdige Dampfmaschine vorhanden. Das Fördergut wird mittels Steinbrecher bis Wallnussgrösse zerkleinert, in verschiedene Korngrössen separiert und alsdann gemahlen. Die Mahlapparate gleichen denen der Getreidemühlen. Es sind horizontale Gänge mit Bodenstein und Läufer. Je nach dem zu erreichenden Feinheitgrade des Mahlgutes muss das Material 1—5mal den Mahlgang durchlaufen.

Die Zahl der Arbeiter beträgt 25, wovon etwa 10 Mann unter Tage beschäftigt sind. Die Arbeiter gehören den nahen Dörfern Auerbach, Hochstädten und Reichenbach an und arbeiten mit wenigen Ausnahmen schon seit vielen Jahren auf der Grube.